食品安全治理
现代化实证研究丛书

基层食品安全治理现代化探索与实践

——以杭州为例

浙江省杭州市市场监督管理局　　联合课题组／组织编写
北京东方君和管理顾问有限公司

韩阳　张晓／著

知识产权出版社
全国百佳图书出版单位
——北 京——

图书在版编目（CIP）数据

基层食品安全治理现代化探索与实践：以杭州为例/浙江省杭州市市场监督管理局，北京东方君和管理顾问有限公司联合课题组组织编写；韩阳，张晓著. —北京：知识产权出版社，2025.1. —（食品安全治理现代化实证研究丛书）. —ISBN 978 - 7 - 5130 - 9780 - 2

Ⅰ. TS201.6

中国国家版本馆 CIP 数据核字第 2025GW5263 号

内容提要

本书立足于探索新时代食品安全治理的基层建设、基础管理和基本功训练，坚持从学科知识和实证调查出发，结合理论与实践案例，深入研究了浙江省杭州市基层食品安全治理的机制创新、方法创新和能力建设成果。本书的实践案例不仅呈现烟火气、新鲜度、创新性和持久力，而且从基层一线的角度洞察食品安全治理现代化之路，尽量保证内容的客观性、专业性和可靠性，为解决食品安全基层治理和数字化监管提供有效参考和借鉴。

责任编辑：章鹿野　丛　琳	责任校对：潘凤越
封面设计：杨杨工作室·张冀	责任印制：孙婷婷

基层食品安全治理现代化探索与实践：以杭州为例

浙江省杭州市市场监督管理局
北京东方君和管理顾问有限公司　联合课题组　组织编写

韩　阳　张　晓　著

出版发行：知识产权出版社有限责任公司	网　　址：http：//www.ipph.cn
社　　址：北京市海淀区气象路 50 号院	邮　　编：100081
责编电话：010 - 82000860 转 8338	责编邮箱：zhluye@163.com
发行电话：010 - 82000860 转 8101/8102	发行传真：010 - 82000893/82005070/82000270
印　　刷：北京九州迅驰传媒文化有限公司	经　　销：新华书店、各大网上书店及相关专业书店
开　　本：787mm×1092mm　1/16	印　　张：10.5
版　　次：2025 年 1 月第 1 版	印　　次：2025 年 1 月第 1 次印刷
字　　数：170 千字	定　　价：80.00 元

ISBN 978 - 7 - 5130 - 9780 - 2

本书编委会

顾　　问：麻承荣　　张洪阁

主　　任：王樟平

执行主任：张　晓

编 委 会：王樟平　　张　晓　　赵一立　　陈勇军

　　　　　王　敏　　翁　晓　　路宇彪　　虞　宏

　　　　　闫兴旺　　黄柳青　　胡　婷　　韩　阳

　　　　　黄奥博　　陶昱竣　　陈家福

前　言

时光荏苒，距离第一部食品安全治理领域的实证研究成果《食品安全科学监管与多元共治创新案例》出版已有五年时光。这五年间，本于联合课题组自觉身负某种使命，"脚在门槛里"，不敢懈怠。在日复一日的咨询实践、田野调查、读书学习、修正认知的循环里，食品安全治理现代化实证研究丛书的新一辑《基层食品安全治理现代化探索与实践：以杭州为例》付梓出版。

本书重点探讨食品安全治理体系的基层建设、基础管理和基本功训练的"三基"建设问题，在任何组织体系中，"三基"都是重要的"基础设施"，也是永恒的管理议题。基层是国家治理的最末端，也是服务群众的最前端，夯实治理现代化根基的关键在基层，推进改革发展的大量任务在基层，推动各项政策落地的具体工作也在基层。因此，推进食品安全治理体系和治理能力现代化，必须紧紧依靠基层、聚力建强基层。从这个角度看，探索新时代食品安全治理"三基"建设的基本理念、实施路径与方法，是本书的核心价值。

本书由九章组成。本书联合课题组在完稿后对课题成果及书稿的形成进行复盘，认为课题研究了基层食品安全治理的机制创新、方法创新和能力建设成果，抓住了筑牢基层、基础、基本功这一关键和要害，具有很强的针对性和实践性，并且呈现以下四个鲜明的特点。

一是有烟火气。食品安全"你点我检"惠民机制建设、食品小作坊行业治理、餐饮食品安全治理、放心消费建设等都是重要的民生保障工程，食品安全"你点我检"、食品小作坊治理、阳光餐饮建设等均被列入浙江省杭州市政府的民生实事项目。在杭州市、区县、街道（乡镇）三个层面，都有针对小餐饮、小食堂、小社区、小市场等百姓生活场景的食品安全治理措施、长效机制和具体实践，在烟火气里蕴含着大民生。

二是有新鲜度。入选本书的案例都是基层首创的良好实践，体现出基层针对新时代食品安全治理工作的重点和难点问题进行了有益的探索。例如，拱墅区的数字传播引领食品安全文化新风尚、临安区锦南街道的"老马说食安"直播小平台架起大舞台，是数字化时代食品安全宣传与科普如何有效到达用户的"代表作"；临平区南苑街道的"数智·绿道·街区"建设食安治理新载体探索了食品安全社会共治如何走进社区、融入生活、成为主流的社会化载体建设方法；建德市梅城镇的"三全"打通食品安全保障"最后一公里"、临平区东湖街道的"四则运算"护航食品安全、拱墅区文晖街道的"三道工序"打造五星食品安全工地共富样本回答了如何在基层最小网格、社区最小单元落实食品安全监管责任的问题；富阳区的"三严"打造"富春山居"食品安全金品牌展现了以高水平食品安全监管促进"共富工坊"建设的操作路径。

三是有创新性。技术创新与科学进步正在深刻地改变食品安全领域的政策制定和监管模式，食品安全的未来之路将更加依赖于"科学"这一核心。杭州市积极探索大数据、云计算、物联网（IoT）、人工智能（AI）、区块链、自动化等先进技术在食品安全智慧监管中的应用，努力破解当前数字化转型的三个技术难点，即物联、数联、智联。在探索"物联、数联、智联"餐饮食品安全治理新模式专题报告和拱墅区半山街道探索"数治餐饮"保障舌尖安全个案中，可以看到杭州市各级政府及市场监督管理部门利用数字化技术提升智能化治理水平的努力，尤其是通过结合非现场监管与现场监管，大大提升了监管效率。另外，得益于杭州城市大脑的建设和应用，各个街道在打造"物联、数联、智联"的街区数字底座方面具备很强的意识，为在生产加工、流通、餐饮等环节实现食品安全整体智治打下了一定的基础。

　　四是有持久力。在全国范围内，杭州市是系统化、体系化、全面化推进基层食品安全治理的城市典范之一。杭州市自 2015 年启动国家食品安全示范城市创建工作以来，围绕我国制定的食品安全治理目标、重大任务、重点内容，改革创新，久久为功。2020 年，杭州市出台了《杭州市食品安全"十四五"规划》《杭州市创建高水平国家食品安全示范城市行动方案（2020—2030）》，对全市中长期食品安全工作作出了一系列谋划安排，尤其是为期十年的行动方案，具有较强的战略性和前瞻性。众所周知，政府、企业、学术界、媒体、消费者是食品安全的五大支柱，共负食品安全的责任，这一概念是食品安全社会共治的健全态度。本书第三章构建食品安全社会监督体系探讨了杭州市自 2015 年以来在社会共治领域的实践，对于厘清食品安全五大支柱的关系、推动我国食品安全社会共治迈上法治化和规范化的道路具有一定的启示作用。另外，在新一轮改革到来之际，秉承尊重历史、有序传承、创新发展的理念，本书联合课题组在第二章介绍了解锁基层食品安全治理的"金钥匙"，用历史的眼光看，横向到边、纵向到底的基层食品安全委员会办公室建设在食品安全治理实践中发挥了独特的作用，而杭州市在此过程中表现出了"武装到牙齿"的精神和能力，在新的征程上，这一理念与方法将恒长久远发挥作用。

　　在课题研究中，本书联合课题组坚持从基层一线的角度洞察食品安全治理现代化之路，坚持从学科知识和实证调查出发，尽量保证内容的客观性、专业性和可靠性。在 2023 年 3—7 月、2024 年 4—5 月，杭州市食品药品安全委员会办公室与北京东方君和管理顾问有限公司深入杭州市 13 个区（县、市）和部分乡镇（街道）调研，在此特别感谢上城区丁兰街道、拱墅区东新街道、滨江区西兴街道、萧山区盈丰街道、余杭区百丈镇、临平区塘栖镇、钱塘区义蓬街道、富阳区富春街道、临安区玲珑街道、桐庐县城南街道、淳安县大墅镇、建德市新安江街道等 48 个乡镇（街道）的实践分享。没有它们提供的支持，本书联合课题组无法对具体经验进行总结。

　　还有许多难以忘怀的人和事，无法一一记述或致谢，谨以本书出版向所有人致敬。

由于能力所限，书中难免存在不足和疏漏，欢迎读者批评指正，使本书联合课题组"知不足而后进，望山远而力行"，不胜感激。

北京东方君和管理顾问有限公司董事长

张　晓

2024 年 10 月

目 录
CONTENTS

第一章

引领基层食品安全治理现代化

食品安全治理的关键在基层,重点在基层,难点也在基层。推进基层食品安全治理现代化的制度创新和能力建设,是深入贯彻习近平总书记关于食品安全工作重要论述和党中央、国务院相关重大决策部署的具体实践,是食品安全监管适应经济社会发展演进趋势的系统改革,是推进中国式现代化的必然要求,也是满足人民群众对美好生活新期待、提升群众获得感和满意度的有效举措。

近年来,针对基层食品安全治理工作面临的重点和难点,浙江省杭州市持续深化改革创新,搭建多样化食品安全基层治理平台,提升数字化手段方法在基层的应用水平,坚持法治化、社会化、智能化、专业化"四化"同步,加快推进市域食品安全治理体系和治理能力现代化建设。

一、构建基层食品安全治理现代化体系的背景

基层治理是国家治理的基石。统筹推进乡镇(街道)和城乡社区治理,是实现国家治理体系和治理能力现代化的基础工程。我国高度重视基层治理,将抓好基层治理现代化作为一项基础性工作。2021 年 4 月,中共中央、国务院印发《中共中央 国务院关于加强基层治理体系和治理能力现代化建设的意见》,要

求建立健全基层治理体制机制，推动政府治理同社会调节、居民自治良性互动，提高基层治理社会化、法治化、智能化、专业化水平。

作为推进新时代基层治理现代化建设的纲领性文件，该意见为构建食品安全基层治理现代化体系明确了思想指引，提供了规律性、系统性的体系指导。在该意见的统筹指导下，如何紧紧依靠基层、努力建强基层，探索一套有较强针对性和实践性的食品安全基层治理现代化的方法路径，是当前面临的重大课题。

（一）食品安全治理现代化的基本内涵

党的十八届三中全会指出，全面深化改革的总目标是完善和发展中国特色社会主义制度，推进国家治理体系和治理能力现代化，并将食品安全纳入"公共安全体系"，作为国家治理体系的重要组成部分。现代化的食品安全治理体系是一套有机、协调、动态和整体的制度运行系统。有效的食品安全治理需厘清三个基本问题：谁治理、如何治理、治理得怎样。这三个问题即是衡量食品安全治理体系和治理能力现代化水平的三个核心要素——治理主体、治理机制和治理模式。

1. 参与主体多元化

随着社会风险和问题日益复杂多样，以政府为主的单一的传统治理主体已难以满足公共服务需求，自上而下的单向性的传统行政方式，带来运行机制不顺畅、资源分配不平衡、治理效能发挥不充分等问题。而现代化的食品安全治理体系则需要依靠各方力量广泛参与其中，党和政府、企业、居民、社会组织等多个主体共同解决问题，构建多方合作、协同治理的食品安全社会共治格局。这是《中共中央　国务院关于加强基层治理体系和治理能力现代化建设的意见》提出"建设人人有责、人人尽责、人人享有的基层治理共同体"的题中之义。❶

2. 治理机制法治化

法治化是实现治理现代化的关键，也是衡量治理现代化水平的主要标准。党

---

❶ 任欢. 建设人人有责、人人尽责、人人享有的基层治理共同体：访中央党校（国家行政学院）教授时和兴［EB/OL］.（2021－01－29）［2023－06－30］. https://m.gmw.cn/baijia/2021－07/29/35035155.html.

的十八届四中全会从完善食品安全法律法规、综合执法、综合治理等多角度强调了食品安全治理的法治化要求。2021 年，国家市场监督管理总局印发《法治市场监管建设实施纲要（2021—2025 年)》，提出法治市场监管建设，是法治国家、法治政府、法治社会建设的重要组成部分，是实现市场监管体系和监管能力现代化的重要支撑，在市场监管事业发展中具有全局性、战略性、基础性、保障性作用。截至 2023 年底，我国食品安全法律法规体系形成了以《中华人民共和国食品安全法》（以下简称《食品安全法》)、《中华人民共和国食品安全法实施条例》（以下简称《食品安全法实施条例》)、《中华人民共和国产品质量法》（以下简称《产品质量法》)、《中华人民共和国农产品质量安全法》（以下简称《农产品质量安全法》)、《中华人民共和国标准化法》（以下简称《标准化法》)等为核心的集合法群，包括 20 余部食品方面的法律、40 余部由国务院制定的有关食品方面的行政法规、180 余部由国务院有关行政部门制定的食品方面规章，以及近万项由权威机构制定的食品安全国家标准、行业标准、地方标准。这些法律、法规、部门规章和标准涵盖了"从农田到餐桌"的各个环节以及主要食品品种，初步构建了一个多层次、分门类的囊括立法、执法、监管、行政处罚和刑事处罚的综合性法律体系，以国家标准为主体，以行业标准、地方标准、企业标准为补充的食品安全标准体系也日趋完善，保证了食品安全全程治理有法可依。

3. 治理模式科学化

随着我国经济社会和科学技术不断发展，食品安全的发展形势及风险呈现诸多新特征、新趋势，传统粗放式的管理已越来越难以应对和处理复杂而繁重的食品安全治理任务。新时期的食品安全治理模式需要运用科学理念、科学方法，注重在科学化、精细化、智能化上下功夫。《中共中央 国务院关于加强基层治理体系和治理能力现代化建设的意见》明确提出"加强基层智慧治理能力建设"，正是为了与时俱进提升基层治理科学化水平的需要。在信息技术革命高速发展的时代，通过广泛应用数字技术实现整体智治，不断提高治理智能化、专业化水平，是推动基层食品安全治理现代化的应有之义。

（二）构建基层食品安全治理现代化体系的重要意义

1. 基层食品安全治理现代化是治理能力的直接体现

2015 年 5 月，习近平总书记在主持中共中央政治局就公共安全体系第二十三次集体学习中强调，要切实加强食品药品安全监管，用最严谨的标准、最严格的监管、最严厉的处罚、最严肃的问责，加快建立科学完善的食品药品安全治理体系。2019 年 5 月，中共中央、国务院印发《中共中央 国务院关于深化改革加强食品安全工作的意见》，提出建立食品安全现代化治理体系，提高从农田到餐桌全过程监管能力，提升食品全链条质量安全保障水平。基层治理是检验国家治理体系和治理能力现代化的试金石。通过改革创新，进一步理顺党和政府、企业、居民、社会组织等治理主体之间的关系，建立完善基层食品安全治理体制机制，搭建多种基层治理平台，创新手段方法，构建多元化、系统化、协同化的食品安全治理模式，将食品安全保障和民生服务的"最后一公里"缩短至"最后一米"，切实提升基层食品安全治理效能，是衡量党和政府治理现代化水平的重要标尺。

2. 基层食品安全治理现代化是服务中国式现代化建设的有益探索

在新时期，基层食品安全治理的方位和路径是由中国式现代化的特性决定的。党的二十大报告诠释了中国式现代化的本质要求是坚持中国共产党的领导，深入贯彻以人民为中心的发展思想。2023 年 2 月，习近平总书记在学习贯彻党的二十大精神研讨班开班式上发表重要讲话，强调正确理解和大力推进中国式现代化。基层食品安全治理任务重、标准高，坚持党建引领、完善体系、健全体制，严格落实中共中央办公厅、国务院办公厅印发的《地方党政领导干部食品安全责任制规定》，压实各级党委和政府责任，加强基层队伍建设，探索在基层治理中实现党的领导、人民当家作主、依法治国有机统一的有效途径，是基于中国式现代化的价值取向和立足中国国情的基层食品安全治理现代化路径。

3. 基层食品安全治理现代化是提高人民群众获得感、满意度的迫切需求

不断满足人民对美好生活的向往，是中国式现代化的价值追求；激发全体人民的积极性、主动性、创造性，是中国式现代化的根本动力。中国式现代化所蕴含的价值观和方法论，决定了"群众满意"是衡量食品安全治理水平的唯一标尺，主要体现在三个维度上的路向：一是治理主体从单一走向多元，党和政府、企业、社会组织等多主体共同参与；二是治理方式从上传下达走向自下而上，尊重基层的首创精神，从群众中来，到群众中去；三是治理格局实现"建设人人有责、人人尽责、人人享有的基层治理共同体"目标。

二、杭州市的先行实践

近年来，杭州市持续以数字化改革和"数智杭州"建设为引擎，以基层治理年等建设为重点，以国家食品安全示范城市、浙江省食品安全示范县（市、区）、星级乡镇（街道）食品安全委员会办公室（以下简称"食安办"）三级建设为抓手，强化区县、乡镇（街道）、村（社区）三级食品安全治理，把抓基层、打基础作为基层食品安全治理体系和治理能力现代化建设的长远之计和固本之举。

作为中国特色社会主义共同富裕先行和省域现代化先行"两个先行"的实践探索者，杭州市以中国式现代化引领基层食品安全治理现代化，其重要特质是：在党的领导下，坚持"以人民为中心"的发展理念，以城市发展为轴心，以镇街和社区为基点，以基层能力提升为着力点，以数字技术为驱动，推进基层食品安全治理的理念、体制机制、方式方法和路径变革，激发社会活力，提升治理效能，实现"杭州之智"向"杭州之治"的蜕变。

（一）把责任制转化为基层食品安全治理效能

构建县（市、区）、乡镇（街道）、村（社区）三级贯通、部门协调联动的治理结构是提升基层食品安全治理能力现代化的基础。近年来，杭州市基层食品安全治理工作不断向纵深推进，不论在治理模式创新、体制机制改革等整体工作方面，还是在基层食安办建设、食品安全风险防控、日常监督执法、民生实事、社会共治等具体领域方面，都取得了长足进步。基层食品安全治理的组织体系、运行体系、队伍体系、信息体系、动员体系等已迈入规范化、常态化、制度化发展轨道，并着重从组织建设、队伍建设、能力建设方面把《中共中央　国务院关于深化改革加强食品安全工作的意见》《地方党政领导干部食品安全责任制规定》落实到乡镇（街道）、村（社区）。

1. 优化提升基层食品安全治理结构

（1）党政同责

杭州市各级党委和政府高度重视，带头落实党政领导干部食品安全责任制，实行清单化部署、责任化落实、目标化管理。拱墅区上塘、湖墅、小河三个街道，滨江区长河、西兴、浦沿三个街道，富阳区东洲街道等街道食品安全委员会（以下简称"食安委"）实行"双主任制"，主任由街道党工委书记、办事处主任共同担任，形成党政"一把手"总负责、全面抓，分管领导具体抓的工作机制。滨江区浦沿街道党政"一把手"按照"每周一安排、月末一调度"要求，常态化调度推动食品安全管理工作，及时通过街道党工委会、主任办公会，研究食品安全重点工作，确保食品安全工作始终有人抓、有人管、有成效。

（2）统筹协调

杭州市各级食品药品安全委员会办公室（以下简称"食药安办"）在基层食品安全治理工作中较好发挥了统筹协调作用。拱墅区祥符街道成立街道食品药品安全工作领导小组，街道主要领导为第一责任人，分管领导为直接责任人，下设食药安办负责日常工作，并与市场监督管理所、派出所、街道卫生服务中心联动，统筹安全工作，构建"党委统一领导、政府部署推动、部门依法监管"的食品安全工作格局。

（3）队伍建设

杭州市各级食药安办配齐配强专兼职工作人员、专管员或协管员、全科网格员、社会监督员。滨江区针对乡镇（街道）食安办专管员、村社协管员、片区网格员三支队伍，专门印制下发《食品安全专管员、协管员、网格员现场工作指导手册》，加强食品安全知识专题培训和食品各环节检查要点培训。拱墅区康桥街道从各社区抽调22名社区工作者，组建街道食品安全协管员队伍，参与街道食品安全属地管理。

2. 规范基层食品安全治理运行机制

（1）工作制度

杭州市各级食药安办均建立健全食品安全会议制度、信息报告制度、培训制度、宣传制度、投诉举报制度、"三员"（专管员或协管员、网格员、社会监督员）管理制度、食品安全事故应急预案等基本制度规范，建立食品安全"两个责任"（食品安全属地管理责任和企业主体责任）工作制度，严格落实"三清单一承诺"制度（责任清单制度、任务清单制度、督查清单制度、责任与任务承诺书制度）要求。

（2）考评机制

建立健全食品安全目标责任制，围绕基础、重点和创新工作，采取"定性+定量"的方式，完善形成"三清单一办法"（任务清单、责任清单、问题清单和动态评议考核办法）考评体系，加强食品安全工作的跟踪问效，各食品安全委员会成员单位做到"年初有目标、半年有小结、平时有督察、年终有考核、责任有追究"。

（3）监督机制

杭州市各级食药安办建立食品安全督查机制，明察和暗访相结合，将督查暗访出的问题进行清单销号，动态更新问题隐患、整改措施，落实落细责任清单，构建了食品安全责任闭环体系。萧山区发挥人大监督作用，聚焦"无证农贸市场"整治，开展专题暗访视察，广泛征集部门、代表对于农贸市场改造的意见建议，督促政府出台方案，持续监督市场改造，并将"推动新一轮农贸市场改造""整治无证农贸市场"等建议列入萧山区政府大督查系统，进一步推进了农贸市场管理提升工作。

3. 资源下沉提升食品安全治理效能

（1）关口前移强化食品安全风险防控

杭州市各乡镇（街道）发挥包保干部督导和网格排查作用，加强全覆盖检查，以网格为最小治理单元，夯实基层食品安全根基。拱墅区武林街道持续开展无证餐饮"清零行动"，联合市场监管、城管、公安、交警等多方力量，按照

"依法规范一批、疏导提升一批、整治取缔一批"的原则，对无证无照小餐饮进行整治，集中关停或指导转型，切实防范小餐饮领域风险隐患，受到街道居民的好评。

（2）力量下沉推进基层综合执法

杭州市积极推进"大综合一体化"行政执法改革，探索推进行政执法权限和力量向基层延伸和下沉，强化乡镇（街道）的统一指挥和统筹协调职责，探索"一支队伍管执法"，努力打通综合行政执法"最后一米"。拱墅区康桥街道开展食品安全综合执法，依托该区唯一集"四所三队一中心"为一体的综合执法街区，将食品安全、油烟排放、燃气检查等内容合并，开展"食安综合查一次"。拱墅区上塘街道推进商铺监管"一件事"，制定《上塘街道临街商铺监管"一件事"实施标准》，将证照办理、食品安全、油烟管控等多个事项梳理整合成为"一件事"。滨江区长河街道将食品安全监管纳入市场监管平台并无缝接入街道数字驾驶舱，市场监管平台信息与监管部门执法平台对接，数据开放共享，达到快速处置和消除隐患的效果，有效净化食品安全市场环境。

（二）把群众满意作为基层食品安全治理的出发点和落脚点

提升基层食品安全治理能力，需着眼于增进人民福祉，增强人民群众获得感、幸福感、满意度。杭州市食药安办出台《杭州市食品安全满意度提升三年行动方案（2023—2025）》，从惠民便民、自治共治、宣传教育等群众感知度高的领域制定政策措施，并落实到乡镇（街道）、村社。

1. 党建引领提升社会监督体系

截至 2023 年底，杭州市食品安全监督协会已在全市 191 个乡镇（街道）设立工作站，协会工作机构设置实现全市覆盖，协会会员既是监督员又是宣传员。2023 年，杭州市进一步突出党建引领关键优势，汇聚社会多元主体合力，提升基层食品安全治理共建共治共享水平。临平区星桥街道吸收社区优秀志愿者、流动党员等组建了星桥街道食品安全义务监督工作站，日常对学校、菜场、商场超市、餐饮店等开展义务巡查、监管和宣传，督促食品生产经营单位做好食品安全工作，引导消费者增强自我保护意识。拱墅区武林街道深化"一名党员一幢楼"

"企企铺铺见党员"等机制，发挥党建引领作用，在"武林大妈"志愿者微笑亭建立食品安全宣传阵地，在仙林苑农贸市场等场所设置食品安全宣传点、宣传窗，与嘉里中心综合体共建，利用其广场大屏播放食品安全宣传内容。拱墅区康桥街道发挥党员代表、小区物业、楼道长等多方力量，组建志愿者队伍参与食品安全社会监督，每周在小区居民微信群分享食品安全小知识，每月社区发放食品安全宣传册、微信公众号推送食品安全知识，每季度更新社区宣传栏的食品安全知识；由该街道牵头，联合杭州市运河综合保护开发建设集团有限责任公司运用声、光、电、三维（3D）多媒体等新技术手段，建设"家门口"喜闻乐见的食品安全科普阵地。萧山区盈丰街道奔竞社区联合街道食安办打造橙柿农贸市场"城市下午茶"社区科普品牌，举办"携手志愿心　食安'益'起来"活动并邀请"食品安全小小监督员"参加，营造了"有温度"的社区食品安全治理空间。

2. 深化食品安全"百姓点检"惠民改革机制

杭州市"深化食品安全'百姓点检'惠民改革机制"入选"浙里食安"重大改革示范项目，全市持续组织开展"你点我检""你送我检""你拍我检""你扫我检"等"四个你我"活动，充分运用基层快检车辆、设备和农批（贸）市场快检室，探索"流动＋定点""城区＋乡镇（街道）""社区＋校园"的"你送我检"模式，为百姓提供常态化服务。西湖区翠苑街道组织开展食品安全义务监督活动，义务监督员参与食品安全"你点我检"和消费者现场购买的鲜食果蔬"你送我检"快检活动，并依托支付宝平台"百姓点检"小程序，征集线索及时开展抽检工作并反馈结果，通过官方网站等途径"及时、真实、准确、稳妥"对外公布抽检结果，定期发布科普宣传视频、活动直播、消费提示（警示）等食品安全内容。余杭区市场监督管理局联合仁和街道在云会农贸市场开展"你送我检"，同时开展"浙里点检"宣传推广活动，发放宣传页和食品安全知识手册，指导群众体验"你扫我检""你拍我检"活动程序。

3. 为民服务办好百姓小事

杭州市结合各级党委政府回应民生关切，重点推进"阳光化"食品小作坊、文化特色食品小作坊和"5S"标准化管理食品小作坊建设、放心农贸市场和放心肉菜示范超市创建、示范小蔬菜门店创建，以及"阳光厨房""阳光餐饮"街区（综合体）建设等。拱墅区开展养老助餐综合治理集成改革，全面推行智能阳光厨房，打造"拱墅区养老食堂在线"驾驶舱，市场监管、民政、属地街道（社区）、养老企业四方共治，通过智能晨检、AI 抓拍、物联感应、智能呼叫等技术，实现安全隐患立整立改。该项目入选"浙里食安"首批试点示范项目。拱墅区武林街道创建武林路放心餐饮示范一条街，街道食安办联合各社区（网格）、市场监督管理所、派出所等开展多种巡查，并向有市场主体管理的固定食品摊贩发放特殊的餐饮类营业执照，将其纳入食品安全综合监管，实现武林夜市全体从业者持照规范经营。滨江区在推进未来社区建设中，围绕"浙里康养"要求，以可持续为运营理念，选取彩虹社区作试点，着力打造社区食堂、老年食堂，坚持适老化场景建设、适老化菜品供应、适老化就餐模式，解决老人就餐不便、饮食要求特殊、智能手机使用不便等问题，为老年人创造丰富、便捷、安全的就餐环境。富阳区市场监督管理局联合各乡镇（街道）食安办，大力推动小作坊整治培育提升计划，在该区积极培育龙门米酒、湖源灰汤粽等富有地方特色的食品小作坊特色品牌，助力索面、永昌臭豆腐等 10 余种美食成为富阳乡土"名特优"（知名、特色、优质）农产品走向全国市场，以食品安全共治解锁乡村振兴"共富密码"。

4. 因地制宜加强阵地建设

强化宣传，营造氛围，杭州市食品安全"进社区、进校园、进市场、进店家、进机关、进村社"等"六进"活动已成为常态化机制。2023 年 9 月 4 日，2023 年杭州市食品安全宣传月暨"2023 杭州·'浙里食安'区县日"系列活动正式开启，县（市、区）层面集中展示"浙里食安"标志性成果，乡镇（街道）层面集中建设星级食安办的优秀成果，以多种形式、多个角度、多条途径和与社会公众"零距离"的方式开展食品安全宣传月活动。建设阵地，提升实效，杭州市依托自身实际，多方参与积极开展形式多样的宣传阵地建设，制作并印发《杭州市食品安全宣传阵地手册》。截至 2023 年底，杭州市建成 53 个特色化、主题化食品安全宣传阵地，食品安全宣传从"有阵地"向"有效果"提升和发展。萧山区盈丰街道以丰北公园等为主打造室外宣传阵地；以办公场所、社区科普宣传区、农贸市场公共服务空间等为主打造室内宣传载体，在奔竞社区橙柿农贸市场打造城市"下午茶"专区，制定《杭州市萧山区盈丰街道食品安全小小监督员管理办法》；2023年7月19日，该街道奔竞社区联合街道食品安全办公室举办"携手志愿心　食安'益'起来"宣传活动，一群食品安全小小监督员应邀参加。拱墅区小河街道引入AI机器人开展多样化食品安全宣传，利用乐堤港阳光餐饮街区的触摸显示屏，建设互动沟通的可视化宣传载体。临平区南苑街道在新安社区北港河沿岸的绿化空地上建设主题为"食安南苑　你我共建"的食品安全宣传绿道，设计了7处体验型、科普型、景观型的点位，把食品安全宣传融入社区生活。钱塘区率先建成浙江省首家食品安全虚拟仿真实训基地和食品安全预警中心，共同守护校园食品安全。

5. 自治共同体推升食品安全治理水平

杭州市通过引导行业自律、塑造和睦邻里关系，建立食品安全自治共同体，以公约、规则来引导和约束经营者行为，提升经营主体、居民对于区域食品安全治理的参与度和认同感。拱墅区小河街道在小河直街成立商户联盟"共治和盟"，确立联盟统一规范，针对街区食品安全治理难题，引导商户们共同商议解决方案；由小河街道食安办发起"红茶议事会"，小河街道市场监督管理所以及拱宸桥街道、拱宸桥市场监督管理所、小河直街商户代表等共同参与，小河直街居民、商户经营者、监管部门三方发起联盟倡议书，共同打造食品安全共商共议品牌。滨江区浦沿街道结合现代社区、未来社区建设，发动群众开展"书画护食安活动"，并利用彩虹会客厅，开展监管部门、社区、居民、物业和商铺五方共商的食品安全专题议事会，助力内嵌式食品安全放心街建设。滨江区西兴街道把农贸市场、重点企业食堂负责人选聘为食品安全社会监督员，约谈重点商业综合体负责人、重点餐饮企业负责人，推动行业进一步加强自律自治，营造社会共治良好氛围。滨江区长河街道积极发挥协会、社区等第三方单位的桥梁作用，创新推行"园长制"，组建志愿服务团队，通过建立"网上议事厅"等方式，推动管理从线下转移到线上。桐庐县推行"食品区域自治管理"模式，在餐饮服务单位相对集聚区块划定自治管理区域，区域内经营单位组成自治组，定期开展互学、互查。桐庐县富春江镇在民宿集聚区推行"村社联审、家家联动"模式，采取"挂标牌、亮承诺、定规范、重奖励"等举措，强化从业人员健康管理、原料控制、加工过程、餐饮具清洗消毒、食品安全事故应急处置等方面的事中事后互查互纠，农家乐食品安全监管工作取得明显成效，连续三年实现食品安全"零投诉""零事故"。

（三）把数智应用作为基层食品安全治理能力提升的重要支撑

1. 搭建数智平台

杭州市积极探索食品安全治理"县乡一体，条抓块统"的数字化平台建设，在监管执法、风险防控、"两个责任"落实等重点领域实施多跨融合的基层食品安全治理"一件事"集成改革项目。

拱墅区康桥街道依托区平台"城市眼·云共治"运行中心，将食品安全监管工作融入数字化治理，康桥市场监督管理所联合社区开展排摸，每月调整食品安全"餐饮数据""居民数据""特有数据"三大数据，针对不同主体采取针对性监管措施；将学校、老年食堂、经济合作社等特定群体食堂统一纳入"阳光厨房"监管，确保食品安全监督无盲区。

西湖区翠苑街道建立食品安全"1＋3＋N"组织架构体系，依托"呼应为"一体化智慧中心建立1个中枢大脑，依托综合执法、市场监管、卫生监督、公安等部门执法力量组成"综合巡一次""综合罚一次""综合访一次"三支队伍，依托社区网格、楼宇微网格、物业联防等组成多个社会面协同队伍，基于"数智赋能"的翠苑大综合一体化数字化驾驶舱，通过后台实时监测，配合"西湖码"云端隐患上报系统，对辖区内食品经营主体进行联合监管和食品安全风险智控。

滨江区浦沿街道着力打造智慧园区食堂，辖区中控集团将企业的高新技术与食堂运营巧妙结合，建立智慧食堂系统，依托数字化运营形式，实现了食堂刷卡就餐、自动化称重计费、统计等功能，通过智慧食堂系统实现食堂运营中各项数据自动记录，并生成相应的统计报表，提高食堂经营管理效率。通过迭代升级"小脑＋手脚"［小脑指乡镇（街道）综合信息指挥中心，手指集城管、公安等部门的执法力量，脚指乡镇（街道）网格员］平台建设，推动基层食品安全治理向智慧化、精细化、高效化迈进。加强对各类食品安全事件信息进行统筹梳理，对重点人、事、场所等信息采用多维度分析，重点关注一事多次、一人多事的事件处置。

临平区南苑街道建设食品安全数字驾驶舱，针对餐饮、农村家宴等重点领域，结合食品安全"包保责任制度"和食品安全专管员、网格员、协管员"三员"机制，采用红黄蓝三色预警方式，实现信息上图比拼晾晒；相关平台支撑食品安全四级流转处置体系，"三员"巡查发现的食品安全问题在平台后台一键显示的同时，群众也可通过扫餐饮健康码实时查看，实现风险可视化、监管可控化。

2. 深化应用场景

2021年6月以来，杭州市利用数字化改革契机，加快推进"浙冷链""浙食链""浙江外卖在线""浙里点检"等系统应用。拱墅区明确以"管理全方位、后厨全阳光、要素全集成、数据全应用、风险全闭环、信息全公示"的"六全"模式为蓝本，把胜利河美食街作为首个阳光餐饮街区创建试点进行数字化提升改造。

拱墅区率先成为"杭州市利用自动售货设备从事食品制售许可监管"试点区，发放杭州市首张利用自动售货设备从事食品销售的食品经营许可证，同步推出"一机两码"智慧监管模式，并助推出台《杭州市利用自动售货设备从事食品制售许可监管工作指导意见》。萧山区积极探索数字农贸市场、食品安全监管云平台、网络学院、基层数字化装备、食品主体标注体系建设和食品网格化地图；截至2023年底，该区240家食品生产企业实现"阳光工厂"全覆盖，建成标准化智慧农贸市场25家。

富阳区推进阳光卤味作坊"一件事"改革，通过运用物联感知、赋码集成等数字化手段，持续启动卤味食品阳光作坊已接入智慧监管平台，对卤肉食品安全监管进行制度重塑和流程再造，全链条闭环管理风险隐患；截至2023年底，该区88家卤味作坊已有30家注册激活"浙食链"作坊端并已成功上链，实现卤肉小作坊生产加工过程阳光可视化、智慧监管可追溯。

三、问题与对策

（一）基层食品安全治理面临的问题

1. 网格基础作用发挥不到位

杭州市部分地区存在网格制度制定、具体巡查检查少，职责公示多、指导服务少等问题。由于网格员的流动性较大，因此个别乡镇（街道）的积极性、主动性不强，宣传培训未能压荐推进，对网格涉食职能、工作流程、巡查重点缺乏系统跟进培训，导致部分网格员对如何开展工作没有准确、系统的认识，业务技能仍显不足。

2. 基层街镇的食品安全应急管理能力存在短板

杭州市部分地区存在食品安全应急管理职责边界不清、应急管理队伍不健全且分布分散、应急管理数据无法共享、专业性不够强、精准化风险动态感知及预判预警能力有限、演练制度不够健全等问题。当乡镇（街道）辖区内发生食品安全事故，基层在第一时间有效调动资源、快速响应处置的能力，与韧性安全城市建设的要求不相适应。

3. 基层食品安全数字化平台未能充分发挥数智作用

在布局和设计方面，杭州市不同层级之间整体规划不足，业务部门之间各自为战，出现系统众多、功能交叉、重复建设、标准不一等问题，以及"信息孤岛""数字鸿沟"，影响更大范围内的互联互通，制约了基层数字化治理能力的提升。杭州市各乡镇（街道）食品安全智慧化系统与基层治理"四个平台"未能实现实时互联互通，存在监管部门与"四个平台"事件不能同步、无法进行数据精准比对的情况。同时缺乏人、户（经营主体）、事件等网格数据基础信息的支撑和特殊监管对象的标签化管理，无法实现一键录入、自动匹配、自动统计和数据互通。

（二）对策建议

1. 提升食品安全网格化管理能力

进一步完善日常巡查和重点走访、网格事项流转处置等工作机制，实现"大事全网联动、小事一格解决"。着重加强对乡镇（街道）、村（社区）协管员、网格员、社会监督员的培训赋能，培育一批懂业务、负责任的"三员"队伍。发挥党建引领作用，在基层食品安全治理工作中形成"党委成员带支部、支部委员带楼栋、普通党员带楼门"的格局，以"小网格"推动"大治理"。

2. 完善"镇街吹哨、部门报到"机制

进一步理顺乡镇（街道）层面的"条块关系"，强化条线职能部门的主责，依法赋予乡镇（街道）更实用的综合管理权、统筹协调权和应急处置权，强化其对涉及该区域食品安全工作决策、规划、项目的参与权和建议权，切实提升乡镇（街道）统筹食品安全共治的能力和水平。建立健全"镇街吹哨、部门报到""接诉即办"等有效机制，增强基层食品安全治理合力，探索治理资源的科学配置方式，在制度层面和技术层面解决"特大镇""大型居住社区"面临的食品安全治理难题。

3. 提升镇街食品安全应急管理能力

应急管理能力建设是基层治理能力现代化的重要组成部分，应进一步健全基层乡镇（街道）食品安全应急管理组织体系，确保乡镇（街道）、村（社区）应急工作有组织、有机制、有队伍、有预案、有物资、有培训。细化乡镇（街道）食品安全应急预案，处置流程、各项制度依规公示，加强风险研判、预警和应对能力。对乡镇（街道）、村（社区）协管员、社会监督员、食品安全志愿者开展食品安全突发事件应急管理知识培训，加强安全韧性社区建设。

4. 大力推进基层食品安全数智治理

在现阶段基层自下而上的数字化实践基础上，应加强自上而下的顶层设计，以乡镇（街道）"基层治理四平台"为依托，归并各部门下沉乡镇（街道）、村（社区）的信息系统，推进平台统一、入口统一、账户统一以及信息交换共享和

业务数据流转。优化技术与机制的匹配度，进一步完善数字化工作体系，着重抓总体、编规划、出标准，对接国家级大数据平台，建设省级层面共享开放的数字底座；县（市、区）级着重联通上下、衔接左右，发挥系统枢纽和运转平台的作用，统筹应用场景建设；乡镇（街道）重在抓处置、强实操，探索开发符合该地实际的特色应用；村（社区）重在末端应用，及时反馈风险隐患信息，引导广大群众参与。进一步加强应用场景建设，围绕党委政府重大工作任务，聚焦基层食品安全治理中的高频事项和群众"急难愁盼"问题，构建类型丰富的应用场景生态，提高应用效能。

第二章

解锁基层食品安全治理的"金钥匙"

各级食安办是组织协调食品安全"从农田到餐桌"的一个有力"抓手",也是压紧压实食品安全属地管理和企业主体"两个责任"的关键一环。加强以县(市、区)、乡镇(街道)为重点的基层食安办建设,是一项基础性、全局性的重要工作。

近年来,杭州市围绕基层建设、基础管理、基本功训练"三基"建设,以基层食安办规范化建设和乡镇(街道)食安办分级分类管理为抓手,完善"县(市、区)—乡镇(街道)—村(社区)"三级食品安全保障体系,不断夯实基层食品安全治理根基。

一、食品安全委员会办公室设立目的

(一)基于分段监管模式的综合协调机制

2004 年《国务院关于进一步加强食品安全工作的决定》确立了"一个监管环节由一个部门监管"的原则,继续沿用"分段监管为主,品种监管为辅"的监管模式,由各有关部门分别对农产品生产环节、食品加工坏节、食品流通环节和餐饮业和集体食堂等消费环节进行监管。这一多部门齐抓共管的食品安全监管体制在《食品安全法》中以法律的形式得以确定下来。

为了更好地协调各部门之间的关系，2018 年修正的《食品安全法》第 5 条第 1 款规定："国务院设立食品安全委员会，其职责由国务院规定"。2021 年修正的《食品安全法》第 5 条第 1 款保留同样的表述。2010 年 2 月 6 日，《国务院关于设立国务院食品安全委员会的通知》规定，为贯彻落实《食品安全法》，切实加强对食品安全工作的领导，设立国务院食品安全委员会，作为国务院食品安全工作的高层次议事协调机构，承担"分析食品安全形势，研究部署、统筹指导食品安全工作；提出食品安全监管的重大政策措施；督促落实食品安全监管责任"的职责。

2010 年 12 月 6 日，中央机构编制委员会办公室印发了《关于国务院食品安全委员会办公室机构设置的通知》规定，为进一步加强食品安全工作，设立国务院食品安全委员会办公室（以下简称"国务院食安办"），作为国务院食品安全委员会的办事机构，对国务院食安办主要职责、内设机构、人员编制以及与其他部门的职责分工等事项作了具体规定，为进一步加强食品安全工作提供了组织保障。

2011 年 11 月 19 日，中央机构编制委员会办公室印发了《关于国务院食品安全委员会办公室机构编制和职责调整有关问题的批复》，决定将原卫生部的食品安全综合协调、牵头组织食品安全重大事故调查、统一发布重大食品安全信息等三项职责划入国务院食安办，意在强化国务院食安办的综合协调职能。然而，这一阶段的"综合协调"仍然建立在分段监管的基础之上，国务院食安办的协调职责难以廓清。

（二）基于集中监管模式的综合协调机制

2013 年，我国进行了国务院第七次行政管理体制改革，将国务院食安办的职责、原国家食品药品监督管理局的职责、原国家质量监督检验检疫总局的生产环节食品安全监督管理职责、原国家工商行政管理总局的流通环节食品安全监督管理职责整合，组建国家食品药品监督管理总局，保留国务院食品安全委员会

（以下简称"国务院食安委"），具体工作由国家食品药品监督管理总局承担，国家食品药品监督管理总局加挂国务院食安办牌子。其后，我国食品安全监管模式从分段监管模式转变为集中监管模式，形成农业农村部和国家食品药品监督管理总局集中统一监管，以原卫生和计划生育委员会为支撑，由国务院食安委综合协调的体制。

2018 年 3 月，新一轮国务院机构改革将原国家工商行政管理总局、原国家质量监督检验检疫总局、原国家食品药品监督管理总局职责"三合一"，并整合国家发展和改革委员会、商务部的部分职责，组建国家市场监督管理总局，进一步提高了监管的统一性。2018 年 6 月 20 日，《国务院办公厅关于调整国务院食品安全委员会组成人员的通知》印发，明确了中国共产党中央委员会政法委员会、中央网络安全和信息化委员会办公室、国家发展和改革委员会、教育部、科学技术部、工业和信息化部、公安部、民政部、司法部、财政部、生态环境部、农业农村部、商务部、文化和旅游部、国家卫生健康委员会、海关总署、国家市场监督管理总局、国家粮食和物资储备局、国家林业和草原局、民用航空局等 22 个国务院食安委成员单位，进一步强化了食品安全工作的组织管理与协调体系。

国务院食安委及其办公室的设立，是我国食品安全监管体制的一次重大变革，突破了食品安全工作横向协调难的困境，确立了食安办牵头抓总、综合协调的职能。在食品安全监管体制方面，2019 年 5 月，《中共中央　国务院关于深化改革加强食品安全工作的意见》印发，要求强化各级食品安全委员会及其办公室统筹协调作用。

观察我国食品安全监管体制的进路，《食品安全法》在立法时充分考虑多重监管模式可能带来的监管职能的交叉与断裂，故而规定了设立国务院食安委，并将其作为高层次的议事协调机构，用于协调、指导食品安全监管工作。[1]但在实践中，仍然不同程度地存在职能交叉、责任不清、运行不畅、监管缺位、协调性弱、效率不高等问题，难以实现全程无缝监管。基层食品安全工作具有点多、面

---

[1] 赵学刚. 食品安全监管研究：国际比较与国内路径选择［M］. 北京：人民出版社，2014：147.

广、事杂的特点，由于基层力量不足、保障不足、能力不足、合力不足，制约了基层食安办作用的发挥，因此上述问题和矛盾在基层表现得更为突出。

我国食品安全发展进入食品安全与营养健康并重、问题与矛盾复杂交错的新阶段，基层食品安全治理也面临现代化转型的新要求。在此过程中，要突破基层食品安全治理在认知性、系统性和功能性方面的困境，需要以人民群众的满意度为导向，以群众最关心、最直接、最现实的利益问题为工作重点，加强基层食安办能力建设，进一步发挥食安办在优化基层食品安全治理结构、厘清多元治理主体职责、推进数字化应用等改革措施中的牵头抓总作用，有效解决基层食品安全工作中部门间的职责分工不清晰、责权不统一、运行机制不完善等问题，为持续提升基层食品安全治理效能提供可靠的能力保障。

二、基层食品安全委员会办公室建设办法

为更好地贯彻落实《中共中央　国务院关于深化改革加强食品安全工作的意见》和《地方党政领导干部食品安全责任制规定》，充分发挥食安办统筹协调作用，2019 年，《中共浙江省委办公厅　浙江省人民政府办公厅关于贯彻落实食品安全领域改革重大政策措施的通知》发布，提出要充分发挥食安办作用，强化各级食品安全委员会及其办公室统筹协调作用，加强乡镇（街道）分类分级管理和指导。应用"掌上基层"App 强化全科网格员基层食品安全工作，强化教育培训和报酬激励。支持建立食品安全专职协管员队伍。

根据浙江省委、省政府的总体要求和浙江省食安办的统一部署，杭州市将基层食安办规范化建设作为加强日常食品安全管理工作、提升食品安全治理水平的重要抓手，围绕"强谋划、强组织、强责任、强机制、强创新、强队伍"目标要求，不断夯实基层食安办工作体系，主动拉高食品安全基层网络建设标准，注重发挥基层食安办在食品安全风险隐患排查、重点领域治理、专项整治、宣传培训等方面的属地管理作用。

（一）党政同责高位推进

2014 年，根据《浙江省人民政府关于改革完善市县食品药品监管体制的意见》（已废止）、《浙江省人民政府办公厅关于加强食品安全基层责任网络建设的意见》，杭州市政府印发《杭州市食品安全基层责任网络建设实施办法》（现已废止），规划指导基层食品安全工作整体布局，对乡镇（街道）建立食安委及其办公室工作机构、食安办配备专职工作人员和明确工作职责提出了具体要求。在 2019 年《中共浙江省委办公厅　浙江省人民政府办公厅关于贯彻落实食品安全领域改革重大政策措施的通知》发布后，浙江省市场监督管理局发布《基层食品安全协调管理等级与评价》地方标准，表明乡镇（街道）食安办建设迈进标准化轨道。

2018 年，杭州市委、市政府联合印发《杭州市食品安全党政同责实施意见》，从更高层次对食品安全属地管理工作的基层建设、基础管理、基本功训练"三基"建设提出了要求。杭州市食安办坚持每月对县（市、区）食品安全责任网络建设运行和作用发挥情况实施考核通报，并纳入年度综合考评结果；每年组织"回头看"和现场评估，结果作为考评依据。2019 年，杭州市就深化食品安全党政同责、一岗双责工作形成了 8 项机制化建议。

① 健全杭州市委常委会、市政府常务会议定期听取杭州市食品安全工作情况汇报机制。

② 坚持将食品安全工作列为杭州市委常委会、市政府年度工作报告以及国民经济和社会发展计划内容。

③ 建立杭州市委常委会成员和各位市长食品安全责任清单。

④ 调整完善杭州市食安委组织体系和工作机制。

⑤ 组织召开杭州市食品安全年度工作会议。

⑥ 建立健全考评巡察奖惩机制。

⑦ 加强领导干部食品安全的培训教育。

⑧ 持续加强食品安全保障。

该 8 项建议经杭州市食安委全体会议审议后，于 2019 年 7 月 8 日提交杭州市政府常务会议审议通过，同年 7 月 19 日提交杭州市委常委会审议后以杭州市食安办名义印发，在制度、机制层面进一步压实了杭州市委市政府的责任。

2023 年，杭州市委、市政府印发《杭州市党政领导干部食品安全责任清单》，综合运用宣贯培训、监督检查、督查考核等手段，全域全量落实"三张清单加一项承诺书"（责任清单、任务清单、督查清单、食品安全责任与任务承诺书）制度，进一步压紧压实食品安全属地管理责任和企业主体责任"两个责任"。

（二）规范建设有序推进

2016 年，浙江省食安办出台《浙江省乡镇（街道）食安办规范化建设实施方案》，全省乡镇（街道）围绕组织建设、制度建设、硬件建设三大方面 15 项具体指标，分三年全面完成基层食安办规范化建设。15 项具体指标简称"十五个一"，其中组织建设 5 项，即一个重视食品安全工作的好班子、组建一个综合协调机构、每年签订一份责任书、建设一支食安办和协管员队伍、组建一支社会监督员队伍；制度建设 5 项，即健全一套工作制度、形成一套工作体系、建立一套协管员管理办法、统一印发一本工作记录本、建立一套经费保障机制；硬件建设 5 项，即固定一个办公场所、配置一套办公设备、绘制一张网格化管理示意图、设立一个宣传栏、运用一套信息化监管软件。

2019 年 3 月，浙江省食安办出台《浙江省基层食安办规范化建设指导意见》，明确了县（市、区）食安办工作规范"30 条标准"，推动建设组织有力、制度健全、保障到位的县级食安办；乡镇（街道）食安办继续按照规范化建设实施方案"十五个一"的标准巩固规范化建设成果，同时参照"30 条标准"进一步提升乡镇（街道）食安办规范化水平。至此，浙江省将各级食安办建设全量纳入规范化轨道，基本实现了基层食安办"有工作机构、有固定办公场所、有人员配备、有工作保障、有制度职责、有执法协调权、有考核培训、有档案管理"和"监管责任网格化、日常巡查常态化、单位场所户籍化、监督执法联动化、监管手段信息化"的"八有五化"建设目标。

杭州市按照浙江省统一部署高标准推进基层食安办建设。2019 年 4 月，杭州市食安办印发《杭州市基层食安办规范化建设工作计划》，在浙江省的"十五个一"目标要求的基础上,结合自身实际明确了"十八个一"细化标准,即一个好班子、一个综合协调机构、一份责任书、一支食安办和专管员队伍、一支社会监督员队伍、"一张网"体系、一套工作制度、一套工作体系、一套专管员管理办法、一本工作记录本、一套档案台账、一套经费保障机制、一个固定办公场所、一套办公设施、一张网格化管理示意图、一个食品类经济户口数据库、一个食品安全科普宣传栏、一套信息化监管软件。杭州市各县(市、区)食安办对照"十八个一"及工作规范"30 条标准",规范组织架构,完善工作机制,改善设施装备,强化保障供给,提升协调能力。

杭州市紧紧围绕谋划强、组织强、责任强、机制强、创新强、队伍强等"六强"要求夯实基层食品安全工作基础,完善"上下统一、体系完整、规范有序、运行高效"的基层食品安全协调体系。杭州市加大基层食安办投入保障力度,充分发挥基层食安办的食品安全"助手""抓手"作用,更好地贯彻落实地方党政领导干部食品安全责任制有关规定,在机构改革新形势下着力打造一支"招之即来,来之能战,战之必胜"的食品安全协调队伍。

(三)分级分类创新推进

2019 年,浙江省发布全国首个基层食安办规范化建设的省级地方标准——《基层食品安全协调管理等级与评价》(DB 33/T 2236—2019),拉开了对全省各乡镇(街道)食安办实施分类分级管理的序幕。浙江省通过 2020—2022 年建设,将乡镇(街道)食安办分为三星级、四星级、五星级三个等级,探索推行"三星级依照标准管理、夯实基层基础,四星级创新服务发展、引领前沿方向,五星级推广先进典型、发挥示范作用"的基层食安办分级分类管理模式。

该标准从队伍建设、制度建设、工作保障、运行管理、绩效等五个方面对基层食安办建设提出新的能力提升要求。杭州市按照《浙江省乡镇(街道)食安办分类管理实施方案》《基层食品安全协调管理等级与评价》的要求,建立街道食安办分类分级管理工作机制,规范相关工作流程,包括:①建立健全会议制度、信息报告制度、培训与宣传教育制度、投诉举报制度、网格员管理制度、应急预案及事故报告制度等食品安全相关制度;②加强基层责任网络建设,不断完善"街道—社区—网格"三级管理体系，促进有序运行管理；③落实经费保障，按照规定下拨基层网格经费，满足日常工作需要；④持续深化市场监管平台建设，关口前移，通过监管平台上报、流转、处置隐患，实现隐患整治全过程信息化。

按照浙江省食药安办于 2020 年 2 月印发的《关于加强基层食品安全协管人员能力培训的通知》要求，杭州市强化基层食安办队伍建设。杭州市食药安办牵头组织基层食品安全治理人员开展线下、线上等形式多样的能力培训，同时加强实践训练，在隐患排查、日常巡查、问题处置中提升实际工作能力，确保工作职责和工作标准入脑入心见行动，实现从"学"到"思"再到"为"的转变，把能力培训作为筑牢食品安全监管第一道防线的有力抓手，逐步形成横向到边、纵向到底、不留死角的无缝治理体系，切实解决"看得见管不着"和"管得着看不见"现象。

2020 年，杭州市 5000 余名基层协管人员参加了浙江省食品安全协管网络学院 App 在线培训考核，做到食品安全培训覆盖率、考试覆盖率、考核合格率及绩效考评率均达 100%。为进一步深化食品安全基层责任网络建设，提升基层食品安全协管能力培训成效，营造人人参与、个个争先的良好学习氛围，杭州市食安办积极组织开展全市基层食品安全治理人员选拔赛，遴选出 8 名参赛选手组成杭州市代表队，在 2020 年 9 月浙江省基层食品安全协管能力竞赛中，取得了团体一等奖、个人三等奖的好成绩。

在星级食安办建设过程中，杭州市各县（市、区）以"八有五化"为总体目标，紧紧围绕组织建设、制度建设、硬件建设三个方面 18 项具体指标，深入推进食品安全基层责任网络建设，建立健全专管员、信息员和社会义务监督员食品安全责任网络。完善制度建设、落实人员经费保障、借力全科网格和有关平台，杭州市全体食品安全专管员和信息员能够充分利用"众食安"餐饮智慧监管手段，加强对辖区餐饮食品安全监管工作，基层食品安全监管和治理能力提升。

滨江区持续推动街道食安办规范化建设，在 2016 年所有乡镇（街道）食安办提前完成规范化建设的基础上，进一步完善基础设施，扩增办公面积，配强设备设施；健全工作机制，完善隐患排查、信息报告、督查考核、档案管理、业务培训、宣传教育等制度，明确联席会议制度，不断推进部门联动；加强工作力量，建立多个社区食品安全工作站，并配备多名食品安全专管员和信息员。

余杭区主动谋划完善食安办体制机制，明确区食安办常设办事机构地位，并继续在区食品安全协调科加挂食安办秘书科牌子，及时厘清部门职责边界，切实做到议事有机构、办事有人员、理事有制度，有力保障了食安办的作用发挥。

桐庐县以党建为引领，积极争取桐庐县委县政府的支持，对成功创建省级食品安全县的突出贡献者实施行政嘉奖。

上城区小营街道食安办立足"依法治街"，强化基础建设，街道高度重视食品安全监管工作，召开党政联席会议讨论食品安全工作，成立街道食安委和食安办，将辖区相关职能部门的负责人纳入管理队伍，将食品安全工作纳入街道基层社会治理"一张网"体系，建立完善了食安办和专管员队伍、社会监督员队伍。

富阳区强化培训，快速引导全科网格员入门。在有关网格综合培训中，富阳区大源镇食安办积极争取培训资源，配强师资，为网格员提供基层食品安全巡防基础知识培训；充分利用区平安综治平台，组织食品安全相关科室的业务骨干向网格员传授食品安全知识；利用综治互动平台，组织食品安全相关科室业务骨干解答网格员在日常巡防过程中发现的问题，对未能处置的问题提交有关疑难问题处置小组集体讨论，以点带面提高网格员的业务素质。

三、主要成效

杭州市 13 个区（县、市）共有 191 个乡镇（街道）。自 2020 年杭州市部署开展基层食品安全协调分级分类管理和乡镇（街道）食安办星级建设工作以来，全市各乡镇（街道）食安办均达到浙江省规定的"十五个一"标准，全部通过规范化建设达标验收。

杭州市积极应对机构改革的趋势，持续深化基层食品安全综合协调、监管执法体系建设，不断推进食品安全工作重心下移、力量配置卜移，强化食品安全基层监管和综合治理工作，在以下四个方面效果明显。

（一）责任落实不断深化

杭州市各乡镇（街道）党政领导班子组织专题学习食品安全内容多次，有效提升了其食品安全的认识水平，有效促进了食品安全责任落实落细。杭州市食品安全工作经费也有所提高，有力支撑了基层食品安全保障能力提升。乡镇（街道）食品安全数字驾驶舱也逐年增加，说明基层数字化治理水平明显提高。

（二）队伍力量不断加强

杭州市各乡镇（街道）食安办配备专（兼）职工作人员多人，充实了食品安全专管员和网格员队伍。杭州市建立第三方协管机制，协管员人数逐年增加，组织开展应急演练多个场次，提升了"三员"在食品安全风险隐患排查、日常巡查中的能力水平。

（三）宣传教育不断强化

杭州市各乡镇（街道）共设立多个食品安全宣传站点，并积极在县级以上媒体宣传食品安全工作。打造了临平区南苑街道食品安全宣传绿道、临安区锦南街道"老马说食安"网络直播、拱墅区系列"食品药品宣教"中心、西湖区"食品药品安全科普馆"、滨江区"中国杭州低碳科技馆"等一批集知识性、趣味性、互动性于一身的常态化食品安全宣传教育科普基地。杭州市各乡镇（街道）聘请多名食品安全社会监督员，开展宣传教育和群众监督活动多个场次，培育了"武林大妈""银发宣讲团""红马甲"等一批富有杭城特色的食品安全社会宣传队伍。

（四）作用发挥不断增强

杭州市各乡镇（街道）建成农村家宴中心多家，受理家宴备案多个场次，并进行现场指导，有效保障了农村集中聚餐食品安全。针对农村家宴、食品小作坊、小餐饮店、小食杂店、食品摊贩等重点环节，杭州市各乡镇（街道）食安办有效组织食品安全集中整治和联合检查，排查和处置风险隐患，第一时间在基层一线有力消除了大量食品安全风险隐患。杭州市还积极推进综治工作、市场监管、综合执法、便民服务等基层治理"四个平台"应用，受理食品安全投诉举报多件次，有序化解了基层食品安全领域的矛盾和问题。

四、经验与启示

杭州市开展乡镇（街道）食安办星级建设，不断提升基层食安办规范化、标准化建设水平，强化基层建设、基础管理、基本功训练，归根结底是要为辖区内食品安全保障水平服务，为基层食品安全治理现代化发挥更大作用。杭州市实施党政同责推动、指导督查推动、典型示范推动等，形成了一套基层食安办建设的有效做法。

（一）经　验

1. 抓建设，建强基层

杭州市食药安办根据《浙江省乡镇（街道）食安办分类管理指导意见》《基层食品安全协调管理等级与评价》，从队伍建设、制度建设、工作保障、运行管理、履责绩效等五个方面，紧扣责任制体系构建、群众满意度提升、基层智慧治理能力提升三大重点，持续推进乡镇（街道）食安办建设，通过食品安全示范城市创建和星级镇街食安办建设等，把《地方党政领导干部食品安全责任制规定》《关于建立健全分层分级精准防控末端发力终端见效工作机制推动食品安全属地管理责任落地落实的意见》及"三清单一承诺"制度落实到乡镇（街道）、村（社区）。

2. 抓机制，夯实基础

杭州市食药安办加强对各乡镇（街道）食安办在制度规范、考评方法、监督机制等方面的督促和指导。杭州市各乡镇（街道）食安办均建立了食品安全会议制度、信息报告制度、培训制度、宣传制度、"三员"管理制度、食品安全事故应急预案等基本制度规范。杭州市各乡镇（街道）还建立了食品安全目标责任制，围绕基础、重点和创新工作，实施"三清单一办法"考评体系，做到"年初有目标、半年有小结、平时有督察、年终有考核、责任有追究"。杭州市食药安办发挥综合协调的平台作用，指导各乡镇（街道）食安办落实监督机制，围绕"三清单一承诺"组织开展食品安全督查工作，将检查中发现的问题实行清单销号，动态更新问题隐患、整改措施，推动食品安全"两个责任"闭环体系在基层落实落细。

3. 抓队伍，提升能力

杭州市各级食药安办配齐配强专兼职工作人员、专管员或协管员、全科网格员、社会监督员，不断完善基层食品安全队伍体系建设。杭州市以乡镇（街道）食安办专管员、村（社区）协管员、片区网格员三支队伍为核心，分类编制现场工作指导手册，出台协管员考核办法，进一步完善全科网格员、协管员、信息员的培训、考核、激励机制，积极推动基层食品安全队伍建设从粗放型配置向精准化管理转变，增强基层食安办队伍业务技能的"基本功"。杭州市食药安办编制下发《杭州市食品安全宣传阵地手册》，指导各乡镇（街道）因地制宜开展形式多样的宣传阵地建设，建成多个特色化、主题化食品安全宣传阵地，食品安全宣传从"有阵地"向"有效果"提升和发展，有效提升了乡镇（街道）食安办在科普宣传、风险交流、社会监督方面的能力水平。

（二）启 示

1. 基层食安办规范化建设是新时代落实食品安全党政同责规定的重要载体

围绕"着眼更大作为当好助手、着眼更好成效抓好统筹、着眼更高标准加强建设、着眼更实举措发挥作用"四个方面，杭州市按照浙江省食安办的统一部署，大力推进基层食安办规范化建设，狠抓基层建设、基础工作和队伍基本功，充分发挥基层食安办"当好党委政府食品安全工作助手、抓手"的职能作用。

杭州市在机构改革新形势下进一步明确和落实基层食安办的主要职责、任务，健全完善"上下统一、体系完整、规范有序，运行高效"的基层食品安全综合协调体系，更好地贯彻落实地方党政领导干部食品安全责任制有关规定。

2. 基层食安办规范化建设是提升地方食品安全治理能力现代化水平的决定性因素

杭州市基层食安办建设明确了"八有五化"总体要求，即"有工作机构、有固定办公场所、有人员配备、有工作保障、有制度职责、有执法协调权、有考核培训、有档案管理"和"监管责任网格化、日常巡查常态化、单位场所户籍化、监督执法联动化、监管手段信息化"，围绕组织建设、制度建设、硬件建设三个方面的 18 项具体指标，规范基层食安办组织架构，统一乡镇（街道）食安办标识，完善工作机制，改善设施装备，强化保障供给，提升综合协调能力，努力建设责任到位、制度健全、保障有力、运行高效的基层食安办。通过基层食安办规范化建设，杭州市将食品安全工作融入地方全科网格建设工程，进一步推动法治、自治、德治"三治融合"的基层食品安全治理体系加快形成。

3. 基层食安办规范化建设是落实食品安全属地管理责任的关键抓手

通过推进基层食安办规范化建设，落实食品安全统筹协调、隐患排查、信息报告、协助执法、宣传教育等五大职责，杭州市在县（市、区）、乡镇（街道）、村（社区）三级逐步引导、培育食品安全综治意识，明确属地责任，发挥属地作用，筑牢基层食品安全群防群治的监督防线。加强专管员（信息员）队伍建设，落实专管员（信息员）作为"政策法规宣传员、发现问题信息员、安全知识指导员、执法巡查协查员、落实整改督导员"的"五大员"职责，把乡镇（街道）食安办打造成基层食品安全工作的"前沿哨所"，确保食品安全属地管理责任落实到每一个网格，提升基层食品安全保障能力。

第三章

构建食品安全社会监督体系

食品安全治理问题的复杂性要求政府、企业、消费者和社会组织等多个方面共同参与，形成有效的社会共治格局，构建完善的社会监督体系。其中，社会组织作为一个重要主体，在食品安全治理中的作用值得关注和研究。

杭州市探索建立食品安全监督协会，以协会作为食品安全社会监督体系建设的主要抓手，不断完善公众参与社会监督的机制和渠道，创新基层食品安全治理的方式方法。近年来，食品安全监督协会在杭州市基层食品安全治理中起到了桥梁和纽带的作用，通过整合多方力量，促进了政府与社会公众的互动，提高了食品安全治理的质量和效率，同时也为市民提供了参与食品安全治理的平台，提升了食品安全群众满意度，增强了社会共治的活力和韧性。

一、协会成立的背景

（一）法治环境

在世界范围，社会组织通过公众教育与参与、政策倡导、专业化提升、第三方监督、消费者权益保护等形式参与食品安全治理，已有广泛且成熟的实践。例如，美国食品安全现代化法案（Food Safety Modernization Act，FSMA）强调了公众参与的重要性，法案要求美国食品和药品管理局（FDA）建立多个利益相关者咨询委员会，包括消费者代表，以确保政策的制定能够反映公众的意愿和需求。另外，美国食品和药物管理局设有消费者投诉和举报系统，鼓励公众参与食品安全监督。欧洲则通过建立食品安全权威机构，确保信息的透明公开，增强消费者信任。欧洲食品安全局（European Food Safety Authority，EFSA）设立了欧洲食品安全委员会，该委员会由科学家、专家和代表消费者、行业及零售商的利益相关者组成。欧洲食品安全局鼓励公众参与其风险评估过程，通过公开会议、研讨会和在线平台等方式收集公众意见，确保决策过程的透明度和科学性。这些经验表明，强化公众参与和信息透明是提升食品安全治理效果的关键，也是社会认同较高的一项普适经验。

在我国，《食品安全法》确立了食品安全社会共治的理念和原则，这是我国食品安全治理体系和治理能力现代化的新进展。《食品安全法》明确提出了食品安全社会共治的原则，强调政府主导与社会参与相结合的治理模式。该法规定了政府在食品安全监管中的职责，同时鼓励和支持行业协会、消费者组织、新闻媒体等社会力量参与食品安全监督。此外，《食品安全法》还规定了食品安全信息的公开透明，以及对于违法行为的社会监督和举报机制。

食品安全社会共治理念和原则的确立为公众参与食品安全治理提供了制度契机，但在具体的参与机制层面，仍缺乏明确的路径指引。杭州市基于社会共治理念和食品安全治理现代化的现实需要，成立食品安全监督协会，积极探索食品安全社会共治实现法治化、规范化、制度化、专业化的路径和方法。

（二）政策引导

2015 年 2 月，杭州市食品安全监督协会成立。该协会是我国第一个在民政部门备案登记的食品安全领域专门协会，由杭州市行政区域内熟悉食品安全知识的会员自愿结成，是开展食品安全群众监督的专业性、非营利性、地方性社会团体组织。该协会在杭州市组建覆盖率 100% 的区（县、市）工作站，成立街道小分队多个，并延伸到全市所有村（社区），实际工作中通过这些骨干会员带动所在村（社区）、单位的群众代表参与食品安全社会共治。

2017年2月，杭州市人民政府办公厅印发《杭州市加强食品安全社会共治工作实施方案》，要求积极发挥行业协会等作用，发挥食品安全社团组织作用。依托市食品安全监督协会，凝聚食品相关行业协会资源和力量，充分发挥各行业协会自我教育、自我管理、自我服务、自我约束功能，完善协会章程和行规行约，推行质量安全承诺书制度，引导督促食品生产经营者依法依规、诚信自律。引导行业协会开展行业内部互动，组织开展食品安全技术服务、培训认证、国际交流、宣传教育等相关基础性工作，推动食品行业健康发展。

《杭州市加强食品安全社会共治工作实施方案》为食品安全监督协会的建设及长效运行机制的形成提供了政策指引。杭州市食品安全监督协会自运行以来，吸纳高校老师、科研院所专家、社区居民、志愿者等多元主体参与，充分发挥会员（宣传员、信息员、监督员）作用，多层次、多方位参与食品安全社会监督，为提升杭州市食品安全社会共治的能力和水平进行了有益的探索。

二、有关建设模式和运行体系

在实践中，社会组织在参与社会共治过程中面临一些问题和挑战。例如，组织与管理缺乏规范性，监督工作缺乏专业性，活动开展缺乏持续性。针对这些难点和问题，杭州市食品安全监督协会从创立伊始就注重加强组织建设和运行机制建设，形成了有关建设模式和运行体系，包含"五有""四化""三性"。

（一）"五有"规范建设

自成立以来，杭州市食品安全监督协会不断加强自身建设，着力做到五有。一是有章程。该协会通过《杭州市食品安全监督协会章程》。二是有制度。明确其理事会分工及管理制度、会员管理制度、监督活动考核激励管理办法和会员手册。三是有机构。其理事会设立会员管理组、活动组、专家组等三个工作小组，并由该协会秘书处负责具体管理运行。四是有队伍。该协会现有多名会员。五是有活动。持续开展"你点我检""你执法我参与""你工作我体验""我宣传你传递"的"四个你我"系列活动。

（二）"四化"长效机制

1. 机构实体化

杭州市食品安全监督协会是通过民政部门正式备案成立的有法人资格的社会组织，杭州市市场监督管理局安排 1 名工作人员主持协会日常工作，1 名兼职人员常驻协会秘书处。

2. 队伍专业化

该协会以"自愿参加，协同共促"为原则，招募热心市民、代表委员、专家学者、媒体记者、社区工作者等成为协会会员。该协会骨干会员拥有食品、医学、农业、法律、社区管理等专业背景，秘书处工作人员均为相关专业毕业生或有社区工作经验的人员。

3. 运行制度化

该协会活动按照各项制度要求规范开展，会员工作按照有关会员手册规范"学、记、存、行"。

4. 活动常态化

该协会秘书处按照其理事会的要求制定年度计划和月度计划，由监督员提出监督项目和活动建议，该协会组织实施，力求做到定期有活动、活动有效果，改变了以往群众监督员活动不固定、无法形成聚集效应的状况。此外，该协会还开设官方微信公众号，每月发布 4 期信息、一期简报，结合"四个你我"的活动常态推送，做到月月有信息、期期有内容。

（三）"三性"组织模式

1. 会员广泛性

杭州市食品安全监督协会的会员来自律师、教师、工人、农民、企业员工、社区工作者等多个领域，兼具了广泛性和代表性，拓宽了社会参与面，把更多的"旁观者"变为"参与者"，把"参与者"变为"推动者"，最终让广大群众成为食品安全社会共治的"受益者"。

2. 活动公益性

为真正发挥社会监督的作用，减少外界干预，该协会以"自愿参加，协同共促"为原则，采取会员入会"零会费"、会员参与"零报酬"的管理方式。

3. 活动经常性

该协会围绕宣传教育、群众监督、自身建设等重点事项开展工作，例如，开展宣传活动多次，积极发放宣传资料，组织参与食品安全监督及开展"你点我检"活动，开展各类信息采集工作，积极开展自身建设活动，并在该协会官方网站发布信息多条等。

三、"四个你我"活动的特色实践

杭州市食品安全监督协会围绕老百姓关注焦点以及社会舆论热点的食品安全问题，结合杭州市市场监督管理部门的食品安全工作重点，充分发挥协会食品安全宣传员、监督员和信息员作用，利用"四个你我"活动载体，在各级食安办的指导和支持下开展工作，社会影响面不断扩大。

（一）群众宣传有声有色

1. 主题化宣传

杭州市食品安全监督协会配合政府多渠道宣传国家食品安全示范城市创建，提高群众对国家食品安全示范城市创建的知晓率、支持率和满意度。

（1）系列官宣推送联动

杭州市的市级协会联合各地工作站开展国家食品安全示范城市创建系列宣传活动，引导群众关注该协会及杭州市市场监督管理局的微信公众号，广泛转发杭州市市场监督管理局推出的国家食品安全示范城市创建摄影大赛、寻找放心餐饮店、阳光厨房升级等活动官方宣布内容。

（2）搭乘"食安地铁专列"

2018 年，杭州市市场监督管理局在杭州地铁 1 号线武林广场站举办创建国家食品安全示范城市主题列车启动仪式，该协会理事及会员沿线多站点积极乘坐"食品安全"专列地铁，体验、宣传专列中的食品安全，对乘客朋友们进行国家食品安全示范城市创建宣传。

（3）培育新市民新意识

杭州市拱墅区食品安全监督协会和杭州市临安区食品安全监督协会借助大型人才春季招聘会开展食品安全科普宣传活动，以人才招聘会为契机，深入开展食品安全知识和创建国家食品安全示范城市宣传。

2. 立体化宣传

（1）携手媒体开展大传播

杭州市食品安全监督协会与杭州市主流媒体合作，策划推出了一系列食品安全科普专题宣传片和微视频。联合杭州电视台拍摄了 2 期肉品安全专题宣传片，制作了 4 部食品安全科普视频；参与杭州电视台"我们圆桌会"等专题节目的录制。

（2）开展"云"上食品安全宣传

该协会以抖音、腾讯看点等网络直播形式，与群众进行零距离、无接触的互动交流，传递食品安全小知识，增加了宣传的互动性、趣味性。

（3）开设"杭州市食品安全大讲堂"

该协会依托高校及科研院所的专业资源，邀请会员、消费者代表以及各级主流媒体记者讲课超 50 场。

（4）开展"云"上培训

该协会组织各界积极参与学习"食品安全"国家精品在线课程、中国食品科学技术学会发布的"校园食品安全消费提示"课件以及该协会自己制作的有关食品安全的课件。

（5）深化"六进"宣传

该协会发挥群众优势，结合各地实际情况，组织开展食品安全进机关企事业单位、进农村、进社区、进学校、进家庭、进工地"六进"宣传活动。杭州市临安区食品安全监督协会邀请辖区内幼儿园的"小小蓝卫士"在校园内发放食品安全宣传资料，提升幼儿及家长们的食品安全意识。

（6）组织企业研讨食品安全

该协会组织会员开展"食品安全我宣传你传递——走进云集电商""食品安全我宣传你传递——走进绿城检测"等活动，督促电商平台、第三方食品检测机构依法履行食品安全的主体责任，推动食品安全社会共治。

（7）参与食品安全宣传周

该协会围绕每年食品安全宣传周主题确定宣传重点，启动仪式，组织会员到现场开展"你点我检"活动，动员食品生产经营企业、广大消费者参与宣传食品安全知识，营造浓厚的宣传氛围。该协会还创新宣传形式，通过线上线下相结合的方式，利用电子屏、宣传栏、宣传条幅、讲座等线下形式开展阵地式宣传；利用微信公众号、微博等线上渠道广泛开展互动式宣传，不断扩大宣传的覆盖面和影响力。

（二）群众监督有力有节

1. 聚焦节日消费安全

一是元旦、春节"双节"之际，杭州市食品安全监督协会统一部署杭州市工作站组织开展"双节"食品安全风险信息采集活动，对节日需求旺盛的食品流通、餐饮消费环节重点关注，针对种植、养殖、食品生产加工、食品流通、餐饮消费等环节组织开展群众监督。

二是清明、中秋、国庆等节日之际，该协会每年定期针对蔬菜、水果、生鲜、青团、月饼等节令食品开展食品安全风险信息采集工作，让百姓对节日消费食品安全放心、安心、有信心。

2. 聚焦重点领域风险

（1）"一老一小"

杭州市食品安全监督协会每年定期组织会员针对幼儿园、小学、初中等校园食堂、校园直饮水供应点、校园周边食品店、批发市场儿童食品专区开展专项监督和信息采集工作；组织开展老年食堂（助餐服务点）食品安全暗访监督及信息采集活动；与建德市共同开展农村家宴放心厨房监督活动，了解村（社区）老年人的公益供餐服务现况。

（2）集中批发环节

该协会联合杭州市余杭区食品安全监督协会开展勾庄农副产品批发环节信息采集活动，围绕农产品的抽样、检测、追溯和对抽检不合格蔬菜的销毁等环节对市场管理方、监管部门和经营户进行了问询、查看、求证。

（3）集中配餐单位

该协会组织会员对杭州市学生营养午餐中心及团餐配送公司的运作模式及食品安全内控体系进行调研和现场监督。

（4）小蔬菜门店

该协会组织市民通过市协会微信公众号，参与对小蔬菜门店的"你点我检"抽检调查问卷投票活动，选出 10 个食品品种，由杭州市市场监督管理局邀请该协会和消费者参与市民"点单"小蔬菜门店的"你点我检"的现场抽样环节。

3. 聚焦舆情热点事件

针对一些公众存疑或百姓关心的食品安全热点问题，杭州市食品安全监督协会依托高校和科研院所的专业资源，通过专家讲解、科学实验等形式向公众普及食品安全知识，并针对性开展科学辟谣工作。近年来，该协会针对白菜甲醛、酱腌菜亚硝酸盐、螺蛳重金属、西瓜甜味剂、面食甲醛、水产品孔雀石绿和重金属、花生中吊白块或甲醛、剩菜剩饭亚硝酸盐比对分析试验、硫黄浸泡生姜、蒜薹浸泡白色液体、外卖一次性餐饮具、烂水果榨果汁、红糖馒头甜蜜素等网络舆情热点事件组织了各类专项监督和科普活动。

（三）创新手段同频发力

1. 探索餐饮食品安全"红黑榜"

杭州市临安区食品安全监督协会主动对接杭州市临安区市场监督管理局，推行餐饮单位"红黑榜"定期公布制度。该协会发挥会员优势，采用随手拍、随时反馈的方式，通过杭州市临安区市场监督管理局微信公众号向社会发布"红黑榜"，提高了辖区内餐饮单位食品安全状况的信息透明度。

2. 探索食品安全监督"网络直播"

杭州市淳安县食品安全监督协会将食品安全"你点我检"活动拓展为食品安全监督"网络直播"的新形式，运用媒体、网络、微信公众号等形式，由监管部门按规范程序将"你点我检"的检测结果张榜公布，扩大了群众的知情权，提高了群众的放心度和满意度。

四、主要成效

经过多年实践，杭州市食品安全监督协会的运行体系已成为杭州市食品安全社会共治工作的重要组成部分，并在以下三个方面取得了明显成效。

（一）机构设置标准化

杭州市食品安全监督协会严格按照"五有""四化""三性"要求设立组织机构。"五有"（有章程、有制度、有机构、有队伍、有活动）和"四化"（机构实体化、队伍专业化、运行制度化、活动常态化）的组织和管理模式，基本实现了群众参与食品安全监督活动的"三性"（会员广泛性、活动公益性、活动经常性）。

（二）会员履职规范化

杭州市食品安全监督协会制定《杭州市食品安全监督协会会员履职实施细则》，从会员履职的基本原则、会员职责、会员权利、会员义务、会员纪律等12个方面作出明确规定。该协会会员按照该细则规定，履行宣传员、监督员、信息员作用，积极开展宣传、监督和信息采集活动；规范职责任务、明确功能定位，以规范化建设推动该协会工作高质量发展。

（三）监督活动常态化

杭州市食品安全监督协会开放吸纳不同行业、不同领域中的专家、学者、技术人员，以及热心市民、企业工作人员、社区工作人员、志愿者，基本做到既有权威性又有代表性。该协会的常设机构配备了既熟悉食品安全又有一定协调能力的专职人员，有效保证了日常工作正常有序开展。常态化开展食品安全"四个你我"活动，打造"杭州市食品安全大讲堂"活动品牌，拓展网络平台食品安全监督，发展有关网络食品交易第三方平台会员多人，拓展了多元化的监督渠道。

第四章

食品安全"你点我检"
惠民机制建设的实践与探索

食品安全监管工作做得好不好，群众是否受益、能否感知是首要衡量标准。我国食品安全面临的主要问题之一就是食品安全信息不对称，监管部门与消费者之间存在认知差异，食品安全监管成效未能较好地触达消费者，不能完全得到消费者的认可。如何让食品安全监管"看得见、摸得着"？近年来，国家市场监督管理总局遵循"开门抽检，监管为民"理念，指导各地开展"我为群众办实事""你点我检"活动。由消费者根据自我感知，"点"出自己关心的食品品种、检验项目和食品经营场所，由市场监管部门按法定规程组织抽检，并将抽检结果及时反馈给消费者。

食品抽检是食品安全监管最重要的技术支撑手段之一，而食品安全"你点我检"活动一端连着监管部门，一端连着食品生产经营企业和消费者。该活动用真实、科学的抽检数据在监管部门和企业、消费者之间架起一座沟通的桥梁，实现食品安全信息的良性沟通。

2021年以来，杭州市积极探索食品安全社会共治新路径，聚焦百姓所需、群众所盼、民心所向，推动开展食品安全"你点我检"活动，创新实施"百姓点检"惠民机制改革，打造"百姓点检"为民服务品牌，问检于民、服务于民，拓宽食品安全风险交流渠道，提升社会公众食品安全治理参与度。

一、食品安全"你点我检"服务活动的基本情况

（一）政策背景

为深入宣传食品安全知识，科学回应社会关切，让食品抽检工作贴近和融入公众生活，提升社会公众在食品安全工作中的参与度，2020年，国家市场监督管理总局印发《关于做好食品安全"你点我检"服务工作的指导意见》，围绕人民群众关心的食品重点环节、重点区域及重点品种，在全国范围内组织开展食品安全"你点我检"活动。

2021年，"你点我检""你送我检"服务活动被列为国务院食安委年度食品安全重点工作和国家市场监督管理总局党史学习教育"我为群众办实事"实践活动的重要内容之一。该活动是科学回应公众对食品安全关切，保障消费者对食品安全的知情权和参与权，推进食品安全社会共治，增强人民群众对食品安全的获得感、幸福感、安全感的重要举措。

2022年，国家市场监督管理总局印发《食品安全"你点我检"服务活动工作指南》，明确了常态化、规范化开展食品安全"你点我检"服务活动的原则、方法、内容及重点，对"你点我检"结果运用和效果评价提出了要求。

2023年1月，国家市场监督管理总局印发了《市场监管总局关于规范食品快速检测使用的意见》，在"你点我检"活动的基础上，发挥食品快检优势，开展"你送我检"便民服务活动。

（二）基本概念

"你点我检"是市场监管部门征集公众关切的食品品种、检验项目及食品经营场所，按照监督抽检程序进行抽样检验，满足消费者个性化需求的服务活动。

各地安排一定数量的"你点我检"抽检批次，列入年度监督抽检计划，在抽样时抽样单须有"你点我检"标记，数据录入国家食品安全抽样检验信息系

统，并须注明"你点我检"专项。

"你送我检"是对消费者送检的自购食用农产品、散装食品、餐饮食品、现场制售食品等进行现场快速检测并告知检测结果的服务活动。各地利用菜市场、商场、超市等基层快检室、食品安全科普站、食品快检车等，开展食品安全"你送我检"便民服务工作，快检数据录入各地食品安全快检平台。

（三）进展情况

2020 年以来，各地市场监管部门结合重要节日节点，组织开展食品安全"你点我检"进校园、进商圈、进园区、进市场、进社区、进乡村、进景区等形式多样的社会宣传活动。通过线上线下广泛征集人民群众关心的食品品种及检验项目，有针对性地开展食品安全"你点我检"活动，及时公开抽检过程、反馈点检结果、科普食品安全知识。截至 2024 年 8 月底，全国开展"你点我检 服务惠民生"活动达 6000 余场次，抽检量达 78 万批次。[1]

从近年来全国的普遍实践来看，各地在食品安全"你点我检"活动广泛征集公众意见，公众"点"出的食品安全风险具体是：在居民日常消费的 15 个食品类别中，公众投票率较高的是肉制品、食用油、粮食加工品、速冻食品、畜禽肉、乳制品、饮料、蔬菜、水产品和豆制品等 10 个类别；在各类场所中，公众投票率较高的是超市、农贸市场、批发市场、外卖等经营场所；在检验项目中，公众投票率较高的是食品添加剂、农药残留、兽药残留、重金属和微生物等指标。

"你点我检"工作的核心是"抽群众之所想、检群众之所盼"，简言之，就是消费者"点"什么，检测机构就"检"什么、监管部门就"管"什么，全过程民意指向、全过程问题导向、全过程公开透明。作为"我为群众办实事"实践活动的重要举措和特色工作，食品安全"你点我检"活动在全国范围规范有序推进，不断畅通民意渠道，推动食品安全监管工作更加贴近民生需求。

---

[1] 史俭. 食品安全"你点我检"食品抽检量达 78 万批次［EB/OL］.（2024 - 09 - 03）［2024 - 10 - 10］. http：// paper. people. cn/hwbwap/html/2024 - 09/03/content_26078532. htm.

二、杭州市食品安全"百姓点检"惠民改革的主要做法

随着经济社会和城市的发展,百姓对食品安全的关注度和期望值越来越高,如何回应百姓对食品安全的关切?如何解决百姓对食品检测的距离和时间要求?如何提升老百姓对食品安全的满意度和获得感?监管部门亟待优化构建更加贴合百姓需求、更加灵敏柔性、更加公开透明的科学监管体系。

2020 年以来,杭州市按照上级统一安排,将"你点我检 服务惠民生"活动作为主题教育实践的重要举措,牢固树立"监管为民"核心理念,围绕解决百姓对食品安全的关切和需求。杭州市在"你点我检"活动的基础上,实施"百姓点检"民生实事项目,深化推进"百姓点检"惠民改革,让消费者"点"出关心的食品品种、检验项目及场所,以检验检测"小窗口"促进食品安全"大共治",将食品安全"百姓点检"打造为"民有所呼、我有所应,民有所盼、我有所为"民生服务品牌。

(一)为什么改革

"你点我检"活动自实施以来取得良好成效,但也存在活动规模小、形式单一、公众参与区域不平衡、工作效率低、结果应用不足等问题。浙江省立足实际、突出实效,在"你点我检"活动的基础上实施"百姓点检"惠民改革,统筹开展全省"百姓点检"工作,制定工作规范,创新数字化点检形式。浙江省打造"线上 + 线下"有感服务新模式,以智慧监管赋能民生服务,满足人民群众对食品安全高层次、多样化的需求,构建食品安全社会共治新格局,进一步巩固深化国家食品安全示范城市创建成果,提升社会公众的食品安全知晓率、获得感、满意度。为积极破解上述问题,"百姓点检"惠民改革着重在以下三个方面进行优化提升。

1. 统一运行管理

明确"百姓点检"作为浙江省"你点我检"活动的唯一入口,将原本各自

为政的线下工作集中转为线上统一进行，坚持"统一管理、统一计划、同步实施"原则，确定送检下乡等特色主题，每月 15 日统一开展各类现场活动，切实为百姓提供便利。

2. 优化工作机制

推出食品安全"掌中宝""直通车""连心桥"三大服务模式，构建"点、检、查、研、晒"五环节一体化运行机制，优化"食安地图""报告下载""知识驿站""风险共享""直播食安"等 6 项便民功能，提升消费者操作便捷性和服务体验感。

3. 创新服务路径

以数字化改革为牵引，迭代升级小程序，提升活动覆盖面、群众参与度。首次提出为群众及企业提供食品免费检测量不少于 1 批次/千人、抽检响应率及结果反馈率达 100% 的服务承诺。

2023 年 5 月，《浙江省人民政府办公厅关于打造"浙里食安"标志性成果加快推进食品安全治理现代化先行的意见》发布，提出要深化"百姓点检"惠民改革。至此，食品安全"百姓点检"成为浙江省围绕共同富裕示范区建设目标，是重点推进的一项民生实事项目，旨在"开门纳谏听取民意、主动作为响应民需、凝聚合力惠及民生"。

（二）如何改革

杭州市是浙江省"浙里食安"重大改革项目"百姓点检"惠民改革的示范市之一。2023 年 8 月，杭州市"百姓点检"惠民改革项目入选浙江省食品药品安全委员会打造"浙里食安"标志性成果首批 20 个示范项目之列。

1. 建立"百姓点检"长效机制

（1）规范有序实施

自 2023 年开始，杭州市市场监督管理局每年制定出台《杭州市食品安全"百姓点检"工作方案》，对"百姓点检"服务品牌建设、检测计划、站点建设、风险监测、闭环处置、宣传教育等内容提出了要求，规范征集民意、抽样检验、结果反馈、活动宣传、科普解读等全环节活动流程。

（2）系统谋划推进

杭州市强化统一领导、组织协调和联动配合，整合各界力量靶向发力，以开展国家食品安全示范城市创建、农产品质量安全放心县（市、区）创建、基层食安办星级评定等工作为契机，把"百姓点检"活动与优化营商环境、创建放心消费环境相结合，形成具有杭州特色的食品安全惠民服务体系。

（3）立足群众满意

杭州市出台《杭州市食品安全满意度提升三年行动方案（2023—2025）》，推动"百姓点检"纳入地方政府为民办实事项目，将"百姓点检"相关工作指标量化纳入食品安全年度综合考评。杭州市通过探索点检代表广泛性、站点设置覆盖面、点检活动常态化、强化食品安全科普宣传，构建食品安全社会共治新格局，不断巩固深化国家食品安全示范城市创建成果，提升社会公众对于食品安全知晓率、获得感、满意度。

余杭区在2023年和2024年将免费开展食品安全"你送我检"活动列入余杭区政府为民办实事工程。每月固定日，余杭区市场监督管理局联合属地乡镇（街道）在人流聚集的农贸市场、商场超市、社区等定期开展"你送我检"免费检测活动，现场接收群众送检的蔬菜、水果等食用农产品进行快检。市民们现场扫码，将送检信息录入支付宝"百姓点检"小程序，快检人员接样后当场进行快检，检测结果以短信形式"即时"告知消费者。2024年以来，余杭区每月固定"你送我检"活动日现场快检30余批次。❶

2. 打造百姓食品安全"掌上哨点"

依托浙江省"浙里点检"App，杭州市在"百姓点检"固定服务日活动现场收集市民点检需求信息、通过问卷征求市民意见的基础上，引入扫码、拍照等参与方式，社会公众可以通过"浙里办"或支付宝终端，对关心关注的食品品种、检验项目、场所等自主提出检测需求。

---

❶ 倪菁菁，张璨文，李杭川. 浙江杭州余杭区创新"三式"推进"百姓点检"惠民行动［EB/OL］.（2024－09－09）［2024－10－10］. https：//www.cqn.com.cn/zgzlb/content/2024－08/06/content_9059685.htm.

一是"你点我检"。通过线上调查问卷方式，征集公众对食品品种、品牌及场所等食品抽检意见建议。

二是"你扫我检"。通过手机扫描食品外包装上条形码，消费者可查询预包装食品历年抽检情况，并对无抽检记录的产品，点击"我要抽检"，向市场监管部门申请抽检。

三是"你拍我检"。对无条形码的预包装食品或部分国外进口食品，消费者可通过手机拍照或上传图片的形式，向市场监管部门申请抽检。

四是"你送我检"。通过现场送样或寄送形式，消费者可在指定时间和地点，在市场监管部门设置的快检站点免费检测食用农产品。

按照浙江省统一管理要求，杭州市建立了专常结合运行机制，"你点我检"为季度专项抽检活动，"你送我检"为月度免费快检活动，"你扫我检""你拍我检"为日常专项抽检活动。

3. 建立"百姓点检"服务体系

（1）全覆盖设置服务站点

杭州市充分运用乡镇（街道）农产品检测室、农贸（农批）市场快检室、流动食品检测服务站点、基层食品快检车辆等，创新"流动＋定点""城区＋乡镇（街道）""村（社区）＋校园"食品检验检测服务模式，实现乡镇（街道）服务站点设置全覆盖，让老百姓在最短距离最短时间获知食品检测结果。2022年以来，杭州市已建立321个"百姓点检"定点服务站（间）、流动快检车（室）17个。所有站点、流动车（室）均设置"百姓点检"统一标志、统一宣传海报、统一宣传口号，强化"百姓点检"品牌效应。❶ 萧山区致力于打造15分钟便民检测服务圈，截至2024年8月底，已建立58个食品安全"百姓点检"快检便民服务点，包括区市场监督管理局与区食品安全协会联合设立的食安共治流动快检便民服务点。❷

---

❶ 施本允. 浙江杭州：听民声 察民情 积极开展"百姓点检"项目［EB/OL］.（2023－06－22）［2024－09－10］. https：//finance. sina. com. cn/jjxw/2023－06－22/doc－imyyccaa7771119. shtml.

❷ 金梁.58个"百姓点检"食安快检服务点，萧山区打造15分钟便民检测服务圈［EB/OL］.（2024－03－19）［2024－09－10］. https：//baijiahao. baidu. com/s？id＝1793941187790994665&wfr＝spider&for＝pc.

（2）常态化开展检测服务

杭州市市场监督管理局每月初通过官方微信预告各县（市、区）当月"百姓点检"活动地址，每月中旬定期组织开展并及时公布检测结果；每季度结合浙江省市场监督管理局食品安全科普主题开展"你点我检"现场直播活动，结合开展食品安全宣传、消费提示等；通过已建立的定点快检站（百姓点检服务点）提供常态化食品快检惠民服务。据杭州市市场监督管理局统计数据，2023 年以来，全市开展"你送我检"现场活动 197 场，检测 4085 批次；开展"你点我检" 4417 批次，通过"百姓点检"微信小程序征集抽检需求多个批次，抽检响应率和结果反馈率 100%。❶

（3）全方位提升能力素质

杭州市常态化开展抽检业务知识培训，每年举办基层执法人员抽样技能大比武和检验人员检验检测技能竞赛，全方位提升基层抽样检验人员的能力和技能。结合第 19 届亚洲运动运会、全球数字贸易博览会等保障任务有序开展快检人员培训，加强对农药、兽药残留，非法添加等物质的快速检测方法和相应的检测试剂盒使用技巧的培训，通过实操、理论考核，有效提升基层"百姓点检"服务点管理能力和快检能力。

4. 强化"百姓点检"结果运用

（1）落实闭环管控

杭州市对"百姓点检"意见征集情况进行统计分析，结合食品安全抽检标准、风险程度和潜在的健康危害等情况，确定社会公众关注度高、期待最多的食品种类，组织开展监督抽检。对快检中检出的问题产品，立即开展复测并控制问题产品，复测仍存在问题的产品转为监督抽检，根据检测结果第一时间落实闭环处置。"百姓点检"的各批次食品抽检结果通过官方微信公众号向社会公示，回应百姓关切。对发现的不合格食品采取下架召回、立案查处等措施，核查处置率、立案率均达 100%。

---

❶ 杭州市市场监督管理局. 浙江食品安全"你点我检、服务惠民生"活动在杭州启动 ［EB/OL］. （2024 - 03 - 23）［2024 - 09 - 10］. https：//mp. weixin. qq. com/s? _biz = Mzg2OTgxMzgzOQ = = &mid = 2247579941&idx = 2&sn = a35f90e19ef43f77ff3a927488506f5a&chksm = ce94a205f9e32b13a82b02df5d2b43d414 ea5d21e9fa8758d98d6dbd2530724bdb26127fd50e&scene = 27.

（2）开展精准帮扶

杭州市发挥市场监管部门和专家团队资源优势，开展抽检多批次不合格食品企业帮扶，通过"线上讲座、线下上门"等形式开展精准帮扶，确保抽检不合格食品生产企业隐患查找到位、问题帮扶到位。

（3）助推产业提升

对群众关注度高的传统特色食品如龙井茶、西湖藕粉、鸬鸟蜜梨、塘栖枇杷等，开展地区特色食品产业质量提升专项行动，组织全链条式调研摸底，通过科学技术创新解决产业发展瓶颈，实现行业整体水平的新跃升。2024 年 8 月，余杭区市场监管部门联合鸬鸟镇开展"送检下乡"活动，在"乡村大集"，检测人员选取了 11 家蜜梨摊位开展农药残留项目检测，所检批次均符合国家食品安全标准，有效提升了鸬鸟蜜梨的品牌形象和消费者信任度。❶

5. "百姓点检" 宣传普及

（1）多元化传播

杭州市充分利用微信公众号、抖音等新媒体和电视广播、报纸杂志等传统媒体，定期发布"百姓点检"活动直播、食品安全科普宣传视频、消费提示（警示）等内容。打造"老马说食安"直播平台、"潘哥带你探店查"等系列短视频，创新食品安全知识科普宣传形式。2023 年 6 月，临安区市场监督管理局结合"新型电商、社区团购"食品安全"百姓点检"活动，对抖音、淘宝、天猫等网络直播购物平台中流量较大、销量较高的本地主播带货食品进行抽检，并通过网络直播公开抽检全过程。❷ 2024 年 5 月，临平区塘栖古镇的枇杷进入采摘期，临平区市场监督管理局联合塘栖镇食药安办、临平区食品安全监督协会开展"百姓点检"活动，针对枇杷 24 种农药残留进行检测。该活动让群众知晓了超量使用农药的危害，也让消费者更直观地了解了食品快检过程。❸

---

❶ 白赟，王怡曦，杜晓雨，等. 余杭将安全落在"食"处 [EB/OL]. （2024 – 08 – 22）[2024 – 09 – 10]. https：//hznews. hangzhou. com. cn/chengshi/content/2024 – 08/22/content_8776898. htm.

❷ 王正心. 杭州临安区专项抽检网络直播带货食品 [EB/OL]. （2023 – 06 – 17）[2024 – 09 – 15]. http：//paper. cfsn. cn/content/2023 – 06/17/content_140608. htm.

❸ 黄透颖，杨瑞羽. 杭州临平"百姓点检"进古镇 [EB/OL]. （2024 – 05 – 20）[2024 – 09 – 15]. https：//weibo. com/3686739204/Of91VrLZQ.

（2）主题化体验

杭州市结合当季消费热点，开展直播平台、网络订餐平台、自制饮品、节令食品等主题点检活动，进一步扩大公众参与的范围和形式。2022年9月，在浙江省食品安全宣传周暨区域特色食品"你点我检"活动期间，杭州市市场监督管理局"百姓点检"走进塘栖古镇探访特色糕点和传统食品，邀请当地特色食品掌门人详细介绍制作工艺和文化传承等方式，点检直播参与人达到93.2万余人次。[1] 杭州市重点围绕国家地理标志产品西湖龙井、蜜饯等特色产业，制作了"探秘蜜饯""健康吃青团""探寻香椿的美味和安全""你喝西湖龙井新茶了吗？"等一批优质的主题食品安全科普宣传视频，借助"沁姐说食安""博士说食事"等本地化科普栏目，在政府官方网站、小红书、抖音等平台进行线上线下融合推广。

（3）社会化参与

杭州市组建"食品安全义务监督团""食品安全社会共治志愿服务队"等志愿者队伍，从人员、组织、管理等方面为"百姓点检"进校园、进企业、进社区、进农村、进超市等活动常态化运行提供了保障。依托杭州市食品安全监督协会下设的各个工作站，发挥其会员的信息员、监督员、宣传员作用，代表广大社会公众常态化参与"百姓点检"。邀请"两代表一委员"（党代表、人大代表、政协委员）参与"百姓点检"的现场抽样和实验室检测环节，扩大活动的感染力和社会影响力。2023年5月，萧山区成立食品安全社会共治志愿者大队，萧山区食药安办向辖区内关心、关注食品安全、热心食品安全监督工作的政府和企事业单位退休人员、企业在职人员等社会各界人士发布招募公告。最终在各行业中选聘了10名食品安全志愿者，开展食品安全宣传培训、监督指导、综合服务等志愿活动，例如通过有关食品安全共治协作、食品安全消费者权益保护协作等。[2]

---

[1] 王晓筠. 晒出浙江新"食"力，焕发"你点我检"新光彩［EB/OL］.（2022－09－21）［2024－09－15］. https：//baijiahao. baidu. com/s?id＝1744562923241085222&wfr＝spider&for＝pc.

[2] 汤圆圆. 萧山食品安全社会共治志愿者大队成立［EB/OL］.（2023－05－25）［2024－09－15］. https：//hznews. hangzhou. com.cn/chengshi/content/2023－05/25/content_8542071. htm.

（三）改革成效

围绕群众关心的食品安全问题，依托"百姓点检"便民平台，杭州市常态化开展"你点我检""你送我检"等系列活动，持续关注消费量大、群众关注度高的食品，加大抽检力度，严把全市食品安全关，为市民营造安全、放心的食品消费环境。截至 2024 年 9 月，杭州市已持续开展 29 期"百姓点检"系列活动。❶经过多年的实践探索，杭州市"百姓点检"惠民服务进一步规范化、常态化，取得了可检验、可评价、可感知的效果。

1. 形成了服务品牌体系

杭州市食品安全"百姓点检"工作实行"三统一"模式，即统一站点设置、统一形象设计、统一服务标准。在此基础上，杭州市初步构建了涵盖需求采集、公众参与、检测计划、站点建设、风险监测、闭环处置、宣传教育等功能的"百姓点检"惠民服务品牌体系。

2. 增强了监管靶向性

杭州市通过"定性快检＋定量检测"相结合，对公众关心的食品品种、项目等进行检验检测，对不合格（问题）食品落实精准核查处置。通过现场活动送检品种以及"百姓点检"小程序征集信息分析，精准掌握公众关心关注的食品品种、风险项目等信息，针对性部署开展专项治理。2022 年以来，杭州市开展牛蛙、黄鳝、鳊鱼等公众关注的高风险品种治理，实现了集中统筹、高效抽检、精准监管。

3. 提升了公众满意度

杭州市在点检代表广泛性、站点设置覆盖面、点检活动常态化上下功夫，更好地将食品检测与百姓需求相结合，有序引导社会大众了解、参与原先不熟悉、不了解的专业食品检测过程中，提高检验检测的透明度，提升社会公众对于食品安全知晓率、获得感、满意度。2023 年，杭州市食品评价性抽检合格率达到

---

❶ 杭州市市场监督管理局. 浙江杭州：为民办"食"事 蔬果身边"检"［EB/OL］．（2024－09－06）［2024－09－10］．https：//www.cfsn.cn/news/detail/339/264333.html.

99%以上，全市群众食品安全满意度得分86.4。❶

4. 增强了体验趣味和宣传互动

杭州市通过"百姓点检"的"你点我检""你扫我检""你拍我检""你送我检"等功能模块，消费者随手扫一扫、拍一拍，即可成为食品安全的"云监督"。"百姓点检"小程序应用推广以更加智能、高效的方式，为社会公众提供全新的食品安全共治参与体验以及食品安全风险预警和知识普及信息服务，从而使"百姓点检"惠民服务实现了"以'民呼我为'为'体'，以'互动融合'为'翼'"的目标。

三、杭州实践的经验与启示

（一）技术应用是效能引擎

"浙里点检"小程序的上线应用，是"百姓点检"惠民服务畅通民声民意的重要技术保障，支付宝里"百姓点检"的线上"扫码""拍照""投票"等实用功能有效提升了公众参与的便利度和主观意愿。例如，消费者可以随时随地扫一扫预包装食品二维码的形式，查看3年内该食品检验检测情况，对无检验检测信息的食品可通过拍照功能向市场监管部门提交食品抽检需求，不仅解决了消费者对食品"合不合格""找谁检验"的困惑，而且解决了送检产品流程烦琐等难题，以"小站式"服务、"快餐式"科普破解了群众送检难、风险辨别难等问题。

"你点我检""你扫我检""你拍我检"为杭州市专项抽检活动，未来需进一步规范各类"百姓点检"活动在抽样、检验、复检、处理、公示等环节的操作程序，并加强各类点检数据的分析和应用，优化配置监督抽检和风险监测资源。

---

❶　朱诗瑶. 杭州食品评价性抽检合格率达到99%以上　群众满意度达到86.4 [EB/OL]. （2024 - 03 - 26）[2024 - 09 - 05]. https：//baijiahao. baidu. com/s?id = 1794570240622286908&wfr = spider&for = pc.

（二） 闭环管理是核心关键

杭州市注重将"你点我检"成果运用到抽检监测、核查处置、风险预警与交流等工作中，充分发挥浙江省食品安全风险预警交流中心杭州分中心的职能作用，各县（市、区）组建了 14 个综合治理中心［萧山区还增设了乡镇（街道）工作站］，在部分检验检测机构、高校、食品企业等设立"食品安全风险监测站"，为"百姓点检"食品检验项目、检验结果、风险防控、核查处置等相关信息的解读和食品安全风险交流提供了专业资源支持。

监督抽检专业性强，而公众认知有限，可能存在公众对活动满意度边际效应递减的问题。因此，杭州市需进一步强化"百姓点检"工作闭环，围绕百姓关切开展风险交流和科普宣传，持续提升食品安全治理公众参与度和食品安全风险防控能力。

（三） 业务技能是基本保障

杭州市通过实施食品抽检"业务培训 + 能力比武"，不断提升基层执法人员食品抽样、专业机构检验检测业务能力水平；结合有关活动保障工作开展快检人员培训，通过实操、理论考核，强化基层快检队伍专业性，提升快检服务点管理和检测能力。2022 年，杭州市滨江区市场监督管理局工作人员代表浙江省参加国家市场监督管理总局食品抽样比武，获得全国第 2 名。[1] 2023 年，杭州市基层执法人员抽样技能大比武，杭州市市场监督管理局获得三等奖。[2] 2024 年 5 月，在浙江省市场监督管理局、浙江省总工会举办的 2024 年浙江省食品生产检查员检查技能大比武中，杭州市市场监督管理局有 3 名选手荣获浙江省"十佳检验

---

[1] 杭州市滨江区市场监督管理局. 团体二等奖, 市场监管系统食品安全抽检高手［EB/OL］.（2022 - 09 - 22）［2024 - 09 - 20］. https：//www.hhtz.gov.cn/art/2022/9/22/art_1229250209_4088886.html.

[2] 萧山市场监管. 全市食品抽样技能大比武落下帷幕，我局斩获佳绩！［EB/OL］.（2023 - 05 - 22）［2024 - 09 - 20］. https：//mp.weixin.qq.com/s？_biz = MzAxNTEwMjc1NA = = &mid = 2650588832&idx = 2&sn = 8326c1ad00a8cbc3cfb82422a5d1d22b&chksm = 838140edb4f6c9fb3a233d1976f2d31bdb3f36c48ebbcadefa04277e5df040c31c4a7bb477cb&scene = 27.

员"称号。❶

"百姓点检"活动开展的能力和效果受各地经济发展、技术能力等因素影响，而检验检测能力对于活动影响力、个体参与意识、食品安全状况的信任和政府监管能力的信任产生较大影响。杭州市需进一步加强检验检测能力建设，提升公众对食品安全抽检的认知度和信任度，使之与食品抽检合格率同步提升。

（四）互动沟通是核心要素

2022 年以来，杭州市着力打造广播、电视、网络、报刊等线上线下融合的"1＋X"民意互动平台，探索建立民意汇集、问题梳理、信息报送、专题调查、跟踪督办的全闭环工作机制，构建食品安全社会共治的新型互动沟通平台，针对性地解决老百姓的急难愁盼问题和社会关注的热点难点问题。杭州市在"百姓点检"活动推广、民意征集、信息交流、制度建设等方面开展了形式多样的创新实践，积极顺应融媒体时代的发展趋势，大胆利用新的传播载体，做好"百姓点检"的社会监督报道。例如，把食品安全"百姓点检"相关的短视频、直播在网民互动性较高的平台进行传播，提高影响力和关注度；通过持续创新直播、投票、实验室体验等活动形式，增强体验感和趣味性，吸引更多市民参与。这一良性的互动沟通平台进一步促进食品安全监管与百姓需求的契合，为社会公众参与食品安全共治提供了有效机制。

需要关注的是，融媒体传播对于社会监督报道的传播效果具有放大作用，未来需更加注重舆情管理，尤其是在活动推广、结果公布等环节可能出现的负面舆情事件，加强引导公众对食品安全监管的理性认知，提升公众对政府食品安全保障能力的信任度。

---

❶ 杭州市市场监督管理局. 标兵就位！全省"十佳检验员"杭州占三席 ［EB/OL］.（2024 – 07 –
17）［2024 – 09 – 20］. https：//weibo.com/2797439000/OnYj6FOH2.

第五章

食品小作坊行业治理：杭州实践及其实现路径

食品小作坊与我国经济发展水平的多层次、各地传统饮食习惯的多样性息息相关，它们规模小、分布散、条件有限，大多前店后厂，却承载着许多地方传统小吃的"老味道"，满足着多样化的食品消费需求。现阶段，"小、散、低"仍然是食品小作坊的主要特点，违法添加、超范围超限量使用食品添加剂等行为在食品小作坊行业时有发生，导致消费者对食品小作坊的食品安全状况放心程度不高，监管与社会需求之间存在较突出的矛盾。如何进一步规范食品小作坊生产加工行为，有效防控食品安全风险，推动小作坊行业转型升级，既是破解监管难题、提升食品安全监管水平的需要，又是保障民生福祉、实现经济社会高质量发展的必然要求。

自 2015 年以来，杭州市将实施食品小作坊综合治理改革与落实浙江省政府民生实事工作相结合，从推行小作坊卫生清洁要到位、生产工艺布局要合理、原料进货查验要到位、台账记录登记要到位、人员健康管理要到位等"五要"操作规范，到引入以"整理、整顿、清扫、清洁、素养"为主要内容的"5S"标准化现场管理，再到建设集"标准化、园区化、文旅化、数字化、阳光化"为一体的食品小作坊高质量发展新模式，稳步推进食品小作坊行业转型升级，做好"小作坊"里的"大民生"文章。

一、食品小作坊行业治理的背景和动因

（一）问题的提出

由于国情、习俗和文化的原因，在我国广袤的土地上，不同的地域、不同的民族传承下来的小食品多是通过传统的手工工艺，在小作坊中制作生产，在一定的地域范围内流向消费市场。这类地方食品包含了民俗的独特性、文化的多样性，有着广泛的消费群体，成为百姓餐桌难以割舍的食品品种，也是地域美食文化的重要组成部分。

但是，我国传统食品小作坊规模小、数量多、分布广，可能存在加工环境脏乱差、食品安全意识弱、设备陈旧产量低等问题，进而带来一定的食品安全隐患。小作坊大多分布在城乡接合部及农村地区，违法违规活动隐蔽性强、情况复杂，增加了食品安全监管的难度。由于全国各地经济社会发展状况不同，地理、气候、饮食习惯、传统习俗等也不同，因此食品小作坊的监管也具有地域性、多样性、分散性的特点，国家层面难以对其监管职责和措施作出具体的统一规定，因此依据《食品安全法》，食品生产加工小作坊、食品小摊贩和小餐饮等食品"三小"的具体管理办法由省、自治区、直辖市制定。截至 2024 年 9 月，我国各地均出台了有关食品"三小"的地方性法规。

（二）食品小作坊的法律概念

《食品安全法》并没有给出食品小作坊的定义。《食品生产加工小作坊质量安全控制基本要求》（GB/T 23734—2009）对食品生产加工小作坊的定义是：依照相关法律、法规从事食品生产，有固定生产场所，从业人员较少，生产加工规模小，无预包装或者简易包装，销售范围固定的食品生产加工（不含现做现卖）的单位或个人。

在地方层面，以浙江省为例，2017 年 5 月 1 日正式施行的《浙江省食品小作坊小餐饮店小食杂店和食品摊贩管理规定》，对食品小作坊的概念作出了定义，即食品小作坊是指有固定生产加工场所，从业人员较少，生产加工规模小，生产条件简单，从事食品生产加工活动的生产者。

《浙江省食品小作坊小餐饮店小食杂店和食品摊贩管理规定》对食品小作坊、小餐饮店、小食杂店和食品摊贩的定义采用了从业人员较少、生产加工规模小、生产条件简单、使用面积小、经营规模小、经营条件简单、无固定店铺的笼统表述。为保障该规定的可行性，浙江省在《浙江省食品小作坊小餐饮店小食杂店和食品摊贩具体认定条件及禁止生产经营食品目录（试行）》中，明确了食品小作坊的具体认定条件：一是食品小作坊固定从业人员不超过 7 人；二是除办公、仓储、晒场等非生产加工场所外，生产加工场所使用面积不超过 100 平方米；三是从事传统、低风险食品生产加工活动。

根据《浙江省食品小作坊小餐饮店小食杂店和食品摊贩具体认定条件及禁止生产经营食品目录（试行）》，监管部门对食品小作坊实行登记管理，而非行政许可。依据目录管理，食品小作坊禁止生产加工下列食品：一是乳制品、罐头、果冻；二是保健食品、特殊医学用途配方食品和婴幼儿配方食品；三是其他专供婴幼儿和其他特定人群的主辅食品。要求食品小作坊生产加工的预包装食品应当有标签，标签应当标明食品名称、配料表、净含量和规格，食品小作坊名称、地址和联系方式、登记证编号、生产日期、保质期、贮存条件等信息。

2021 年 7 月，浙江省对《浙江省食品小作坊小餐饮店小食杂店和食品摊贩管理规定》进行修订，一是将法规条文中的"食品药品监督管理部门"修改为"食品安全监督管理部门"，"城市管理行政执法"修改为"综合行政执法"。二是将其第四条第二款中的"卫生、城市管理行政执法、质量监督、工商行政管理、环境保护、公安、民族事务等部门"修改为"县级以上人民政府其他有关部门"。三是第十二条增加一款，作为第二款："从事网络餐饮的小餐饮店，应当逐步实现以视频形式在网络订餐第三方平台实时公开食品加工制作过程，具体办法由省市场监督管理部门规定。"四是在第十六条第一款中的"持有有效健康证明"后面增加"并在食品生产加工制作、传菜、销售过程中佩戴口罩"。五是第二十一条增加一款，作为第五款："食品小作坊、小餐饮店、小食杂店和食品摊贩从业人员未按规定佩戴口罩的，责令改正；拒不改正的，处二百元以上五百元以下罚款；情节严重的，处五百元以上二千元以下罚款。"

地方法规颁布实施后，我国各地市场监督管理部门更加重视小微食品生产经营行业的食品安全问题，注重源头治理，抓住关键环节，严格落实生产经营者主体责任，切实消除小微食品行业风险隐患，不断提升食品安全保障水平。以浙江省为例，除了《浙江省食品小作坊小餐饮店小食杂店和食品摊贩管理规定》《浙江省食品小作坊小餐饮店小食杂店和食品摊贩具体认定条件及禁止生产经营食品目录（试行）》，还出台了《浙江省食品生产加工小作坊质量安全基本要求》《浙江省食品小作坊综合治理三年行动计划（2017—2019）》《2018 年浙江省名特优食品作坊建设工作方案》《2019 年浙江省名特优食品作坊和亮化达标小微食品生产企业建设工作方案》《浙江省市场监督管理局关于推行"三小"行业"多证合一"工作的通知》《浙江省市场监督管理局关于印发浙江省食品小作坊高质量发展提升行动方案的通知》《浙江省食品小作坊规范提升三年行动计划（2020—2022 年）》等标准、规范和政策性文件，并结合农村假冒伪劣食品整治、食品安全"守查保"（守底线、查隐患、保安全）专项行动、食用农产品"治违禁　控药残　促提升"三年行动等专项整治工作，加强对食品小作坊行业的质量安全监管，规范生产经营行为。

二、杭州食品小作坊治理两部曲

早在 2008 年，杭州市按照浙江省的统一部署，在全市开展为期 3 年以农村为重点的"食品加工小作坊、小食杂店、小餐饮店、小药店、小农资店、小菜场、小音像店、小美容美发店、小客运、小液化气供应点"等"十小"行业质量安全整治与规范工作。其中，食品加工小作坊质量安全整治的目标是促使食品加工小作坊做到：①证照齐全；②生产场所符合保障食品质量安全的基本要求；③食品生产加工操作人员均持有健康证等。整治工作的主要内容包括：①督促纳入监管的小作坊业主履行质量安全承诺，严格按照《浙江省食品生产加工小作坊质量安全基本要求》组织生产；②以桶装饮用水、"两豆"（豆制品及豆芽）、干制海产品、茶叶、米面制品等五类食品为重点，加大对无证照或证照不齐、达不到取证条件的食品加工小作坊的整治和取缔力度；③严厉打击使用非食用原料、有毒有害物质、回收食品生产加工食品及违规使用食品添加剂等的违法行为；④鼓励小作坊取得食品生产许可证，按照龙头带动、区域集中等"五种模式"整合提升，积极探索建立有效的监管机制。

自2014年起，杭州市食品小作坊行业治理进入"严格监管、注重管理、培育名优、整体提升"的新阶段，通过"五要建设"、"5S"管理、"五化建设"的优化提升，不断提高食品小作坊的行业水平和产品质量，切实保障民生需求。

（一）小作坊升级改造：培育"名特优"

2019年，杭州市结合各县（市、区）传统特色食品和产业集聚情况，采取"精品示范""区域集中""协会推动"等方式，确定了创建100家"知名、特色、优秀"精品食品作坊的目标任务，全力打造以土烧酒、肉制品、豆制品等为主的"名特优"食品作坊，以点带面，促进杭州市食品小作坊硬件设施及管理水平显著提升。

1. 监管标准先行引领创建培育

根据杭州市食安办制定的《2019年杭州市打造名特优食品作坊工作方案》，各县（市、区）市场监管部门对辖区内200平方米以下食品小作坊、小微企业进行了全面走访，筛选出有改造提升意愿、生产条件较好、业主管理能力较强的食品作坊名单，择优选取具有传统文化特色、有助于乡村振兴的作坊，列入培育名单，引导鼓励创建单位提高认识、摆正观念，重视"名特优"品牌的创建。所涉辖区市场监督管理局组织开展"名特优"食品作坊通用评价规范、"名特优"食品作坊评分表和浙江省地方标准《食品安全地方标准　食品小作坊通用卫生规范》（DB33/3009—2018）等专题培训，让每位责任人心中有数，便于为参与创建的小作坊提供"点对点"的指导服务，针对加工现场硬件设施、流程优化、各项制度完善等关键环节提出整改意见。

很多小作坊的经营者继承了祖辈的手艺，但对产品标准、操作规范和安全要求等专业知识相对欠缺。因此，这些作坊在生产中面临着产能有限、质量难以保证、标准不统一等挑战。随着时代的进步，传统的生产方式已经无法满足当前高标准的食品安全管理需求，同时也限制了行业的长远发展和快速提升。为了解决这些问题，各县（市、区）通过集中培训、上门指导和线上答疑等方式，帮助作坊主掌握正确的操作规范和卫生习惯，逐步形成了"台账不回家，我就不回家""工具不回家，我就不回家"的良好管理理念。

为了确保龙门面筋这道传统美食品质统一，富阳区制定出台了《油面筋制作加工规范》，规范制作加工过程，明确食品安全要求，指导经营户提升面筋品质；在整改投入上，当地政府负责水电，村民免费清洗，既让村民得到了实惠，也便于政府进行污水处理和规范管理。桐庐县发布并实施了《新合索面加工工艺规程》和《新合索面技术要求》两项团体标准。钱塘区、西湖区为辖区内的面制品生产作坊、西湖龙井作坊提供规范统一的管理制度模板，指导作坊实施整理、整顿、清扫、清洁、素养的"5S"现场管理体系。通过在工作场所明确具体要求，确保现场环境整洁有序，不仅有效降低了食品安全风险，而且整体提升了作坊的整体形象和管理水平，为传统食品产业的高质量发展提供了强有力的保障。

2. 全程督导机制落实"一坊一策"

杭州市各县（市、区）坚持责任和措施双落实，深入持续地抓实工作，通过详细了解、准确掌握申报主体的基本情况，例如主体资格、人员管理、生产加工工艺、设施设备、采购贮存、食品添加剂及标签等，确保底数清楚。按照"一户一档、一坊一策"的标准，完善和充实各申报主体的创建档案，保证"建档立卡"规范、完整、详细、准确，做到创建每月有内容、工作有痕迹，因行业施计、因主体施策，针对性地做好分类帮扶和"点对点"的现场指导，确保措施落实。杭州市食安办统一组织对经过整治提升达到《名特优食品作坊通用评价规范》要求的食品作坊进行评价验收，符合要求的食品作坊通过网站等媒体向社会公示。同时加强跟踪督查工作，加大对验收合格的名特优食品作坊日常监督检查，组织"回头看"活动，督促作坊业主持续做好加工场所卫生、索证索票、人员管理等工作，确保创建工作见成效、有长效。

钱塘区指导辖区内的鲜面制品加工作坊按照无尘车间的标准建造生产厂房，

合理规划布局。作坊需设置更衣室、洗手消毒间、清洁间、原料仓库、生产车间和成品保鲜冷库等功能区，并配备新风系统、紫外线杀菌设备、电解臭氧杀菌装置以及空气自净系统，确保生产区域达到现代化、标准化的要求。富阳区指导传统姜糖小作坊"唐生记"进行了全面改造，将生产区域与展示区域明确分开，使原本仅有数十平方米的姜糖小店升级为拥有一个四合院布局的现代化作坊。改造后，姜糖的熬制和脱模工序都在专门的区域内完成，原来可能存在卫生隐患的木制模具也被更为安全的硅胶模具所取代。

3. 选树行业典型，促进行业自律

结合"寻找身边的放心小作坊主题宣传活动"，杭州市食安办鼓励各县（市、区）发挥宣传优势，利用官方网站、自媒体、报纸电视等多种手段，通过改造提升前后的对比，加大正向宣传和引导力度。杭州市及时总结创建工作中的好经验、好做法，为全市食品小作坊探索一条符合基层实际、多方共赢的治理之路。富阳区率先打造 6 家土烧酒小作坊样本，通过媒体宣传、组织业内参观交流等方式将整治成果迅速转化为经济效益、口碑效益，发挥标杆引领作用。富阳区通过这种接地气、贴民生的方式宣传食品案件查处信息，破除小作坊业主法不责众的心态；组织行业作坊主参观、培训多场，对准差距，对标赶超，提升行业自律意识。

富阳区还设立了"直播间"，建设富春山居品牌馆，推动辖区内小作坊向规模化、标准化、品牌化方向发展，通过富阳"小作坊食品"的网络销售渠道，为深藏于乡里的富阳乡土"名特优"产品进入全国市场创造了条件。富阳区已经对东坞山豆腐皮、永昌臭豆腐、龙门米酒、湖源灰汤粽等 16 类传统特色美食进行了统一宣传和包装，促进了富阳乡土小农美食的全国推广。

西湖风景名胜区（以下简称"西湖景区"）受西湖区党委、管理委员会委托，负责管理西湖街道，故下文称为"西湖景区西湖街道"❶，该街道通过建立和完善茶叶生产企业的食品安全信用档案，梳理"诚信经营"标杆，规范对茶

---

❶ 直属单位 [EB/OL]. [2024 – 12 – 01]. https：//www. hangzhou. gov. cn/art/2020/10/29/art_810270_1425. html.

叶生产加工小作坊的管理，强化溯源管理，提升行业自律水平，有力维护了"西湖龙井"品牌形象。

4. 引导行业协会发挥管理职能

在形成统一标准、谋求共同发展的基础上，杭州市积极引导行业协会发挥在行业发展中的指导、监督、管理和服务作用，通过行业规范督促会员加强内部管理，通过奖惩机制调动会员规范经营的积极性。在富阳区市场监督管理局的指导下，场口土烧酒民间联盟成立了行业协会，由富阳区市场监督管理局担任行业主管部门，覆盖场口多家土烧酒小作坊。场口土烧酒行业协会通过结对子、比质量、广宣传、常监督、勤跟进等方式，积极落实配合开展整治提升工作、督促业主落实食品安全主体责任、促进行业未来健康发展等三大职责。同时，通过组织协会内部自查互评、对作坊主开展信用等级评定，定期向社会公布业内作坊信用"红黑榜"，推动土烧酒行业信用建设。

富阳区永昌镇积极推动成立永昌臭豆腐行业协会，使辖区内臭豆腐小作坊从单打独斗向抱团协作转型，通过资源和经验的共享，帮助小作坊降低成本，提高生产效率；通过制定统一的标准、规范标签和保质期等措施，提升臭豆腐生产加工的规范化水平。

（二）小作坊转型发展：打造"阳光作坊"

2022 年，杭州市在原有食品小作坊推行"5S"管理（整理、整顿、清扫、清洁、素养）的基础上，开展食品小作坊"五化"建设（标准化、文旅化、园区化、阳光化、数字化）。2023 年，以浙江省政府民生实事项目"山区 26 县和农村地区阳光食品作坊"创建为契机，杭州市通过流程再造、模式重塑、帮扶加力等一系列措施，全市推进食品小作坊"五化"改造提升，以小作坊高质量发展为共同富裕赋能加速。

1. 标准提升，打造小作坊新面貌

（1）严格标准、科学规划，夯实作坊品质基石

杭州市立足"一坊一策"，根据《浙江省阳光食品作坊建设技术导则》和相

关标准，为每家小作坊量身定制改造方案。结合工场条件及业主意愿，现场对小作坊的生产布局改造进行指导和监督。同时，按照加工、包装、质检等工艺流程，明确各个功能区域的划分并升级设施配置，增加紫外消毒设备、无接触洗手干手设施、内包装二次消毒设施等，以降低食品安全风险，确保卫生安全。

（2）强化监督、持续改进，推动作坊质量提升

杭州市强化对小作坊的监督检查，督促小作坊业主落实食品安全主体责任，通过对生产过程的实时监控，及时发现并消除风险隐患。组建由行业专家、技术人员等组成的指导团队，为小作坊提供生产工艺、设备选型、质量控制等方面的专业指导，帮助其建立规范的管理制度，确保生产流程的标准化和规范化。定期开展食品安全培训，提升小作坊业主和从业人员的食品安全意识和知识水平。通过宣传栏、宣传册、微信公众号等多种渠道，宣传食品安全知识、小作坊质量提升成果等，增强社会对小作坊的认可度和信任度。

2. 数治赋能，助推小作坊精准管理

（1）小作坊接入"浙食链"

杭州市为食品小作坊提供数字化改造方案和技术支持，协助其安装摄像头、传感器等先进设备，并接入"浙食链"监管平台，实现数据的实时传输和集中管理。组织技术人员进行实地指导，帮助作坊主了解设备的操作方法和使用技巧，确保作坊主能够熟练使用数字化工具进行生产管理。通过接入平台，作坊主可以轻松地查看生产现场的画面和数据，实现对生产过程的全方位、全天候管理。定期组织培训，邀请专家讲解数字化管理的理念和方法，提升作坊主的管理能力。

（2）消费者一码知全貌

杭州市通过组织培训会议和现场指导，向小作坊主详细解释系统的操作方法和流程，确保其能够准确录入从采购、加工到销售等全环节的数据信息，最终生成"浙食链"二维码，消费者通过手机扫码产品外包装上的二维码，就可以查看企业信息、产品信息以及加工场所实时画面等内容，实现扫一码知全貌，规范小作坊生产，从源头提升食品安全管理水平。

（3）数字化监管全覆盖

依托数智监管平台，杭州市已建成的阳光作坊实现了生产全过程的可视化、可追溯。杭州市多家食品小作坊已纳入数字化监管，通过数字化平台，监管人员能够实时在线查看作坊食品的生产加工情况，及时发现并处理潜在问题。同时，杭州市将部分阳光食品作坊培育对象录入民生实事地图，使得监管更加精准、高效。

3. 共富引领，助力小作坊产业新发展

（1）引导产业园区集聚发展

杭州市投资建设标准厂房，并制定优惠政策吸引小作坊入驻。成立产业园区管理委员会，负责统一规划、协调和管理园区内的小作坊。建立园区内小作坊之间的合作机制，促进资源共享和协同发展。借助互联网技术实现生产加工的实时视频监控，让消费者参与监督。例如：临平区政府投资 4500 万元建成亚多腌腊制品加工园，吸引乔司镇一带具备条件的 26 家肉制品加工小作坊入园集聚。园区采取"统一建设、统一取证、统一标准、统一检验、统一监管、统一品牌、统一原料、统一包装和统一电商"的"九统一"管理模式，经营额从建园之初的不足 1 亿元增长到 2022 年的 5 亿元，创造了 900 余个就业岗位，为当地经济发展注入了新的活力。❶

（2）发挥阳光作坊示范效

杭州市制定了阳光作坊创建标准和评价体系，通过媒体宣传、行业交流等方式推广阳光作坊的成功经验和模式，鼓励更多小作坊参与创建。以成功创建的阳光作坊为行业标杆，组织其他小作坊参观学习阳光作坊的先进经验和做法，注重发挥阳光作坊的示范效应。2023 年，杭州成功打造了 50 家阳光作坊，其中，富阳区龙门镇洪牛堂通过阳光作坊改造，年产值达到近 500 万元，比 2019 年提高了 4 倍，不仅显著提升了产能和产值，更在食品安全方面取得了显著成效，成为当地的标杆企业，为其他作坊提供了可借鉴的经验，推动了整个行业的健康发展。❷ 与此同时，结合地方特色产业发展需求，引导阳光作坊开发具有地方特色

---

❶❷ 浙江省市场监督管理局. 杭州"小作坊"改造提升助力共同富裕"大民生"［EB/OL］.（2024 – 05 – 27）［2024 – 09 – 10］. http://zjamr.zj.gov.cn/art/2024/5/27/art_1229619571_59036268. html.

的产品和品牌。2024 年，杭州市成功打造了全省首家西湖龙井"由由狮象茶"阳光食品作坊，通过引入阳光作坊的管理模式和生产标准，提升了龙井茶的品质和附加值，实现了产业与文化的双赢。❶

（3）探索"1＋N"共富模式

杭州市积极推广桐庐县"1＋N"索面小作坊集聚园区模式，将食品小作坊打造成为"共富基地"。桐庐县以新合索面食品产业发展为突破口，实施《新合索面加工工艺规程》《新合索面技术要求》两项团体标准；促进桐庐本土龙头企业达成合作，建成索面园区，发展索面深加工产业，改良索面制作工艺，成功推出红曲索面等创新产品；完成新合索面商标注册及商标设计，进一步扩大新合索面的品牌影响力和传播力。入驻园区的索面作坊，均实施统一品牌、统一标准、统一原料、统一包装和统一销售的"五个统一"管理。桐庐县的索面园区日常监管纳入数字化监管范畴，借助摄像头、温湿度计等硬件设施实现数据上传，实时掌握索面加工过程信息。在园区牵头带动下，周边已经有多个加工场所完成统一设计、装修，同时定制规范化索面加工器具。这一模式有效解决了索面生产规模小、产品附加值低、销售方式单一等问题，让索面成为实现富民增收、乡村振兴的"金丝银线"。

三、主要成效

（一）加快食品小作坊特色化发展

杭州市以"名特优"小作坊、阳光作坊创建为契机，以点带面，在食品小作坊综合整治方面取得了实效。截至 2024 年 5 月，杭州市共有在产小作坊 1227 家，全市"5S"管理食品作坊 216 家，"阳光作坊"205 家，文化特色作坊 76

---

❶ 江箫，张恒金，朱诗瑶，等．食品小作坊何以成为"共富基地"探寻杭州市小作坊改造提升经验 [EB/OL]．（2024－04－08）[2024－09－10]．https：//www.163.com/dy/article/IV8S94FQ0514AUG0.html.

家，食品小作坊园区 2 个，集聚式共富工坊 11 家。❶

（二）推进食品小作坊阳光化发展

杭州市将智能监控系统引入"阳光作坊"，实现了食品加工区域的全域可视化，确保了生产过程的透明和规范，提升了质量安全管理水平和产品品质。同时，通过"浙食链"平台的接入，实现了原料采购、生产加工、质量检验、销售出库等环节的实时监控和信息共享，有效提升了食品安全管理水平，增强了消费者对产品的信任度。

（三）推动小作坊治理融入中心工作

杭州市主动融入乡村振兴，针对小作坊普遍存在私搭乱建、违规排放污水、生产场所条件差等问题，探索出一条政府支持、部门引导、综合整治提升的有效途径。主动融入共富建设，针对小作坊经济条件差、食品安全意识薄弱等问题，推动地方政府出台培育扶持地方特色食品产业发展的政策措施。主动融入民生实事，将"阳光作坊"纳入民生实事项目，并借助西湖龙井茶、新谷索面等食品加工非遗保护项目，引导非遗手工技艺传承人开办食品小作坊，助力小作坊的发展融入大市场、大民生和大文化建设。

四、经验与启示

（一）经　验

1. 抓重点，问题导向促治理

杭州市将消费者关注度较高、风险性较大的小作坊作为重点对象，持续开展

---

❶ 浙江省市场监督管理局. 杭州"小作坊"改造提升助力共同富裕"大民生"［EB/OL］.（2024 - 05 - 27）［2024 - 09 - 10］. http：//zjamr. zj. gov. cn/art/2024/5/27/art_1229619571_59036268. html.

重点规范治理。加强各部门联动，组织力量对全市阳光小作坊创建单位进行全覆盖走访调研，注重对已建成的阳光作坊相关设施的正常使用状况、建设标准情况进行常态化检查督促，梳理问题整改清单，建立问题"挂账销号"机制，对发现的问题立行立改、闭环管理，确保创建工作落地落细。

2. 抓特点，分类施策促实效

杭州市严格对照《食品小作坊通用卫生规范》、《浙江省阳光食品作坊建设技术导则》和"5S"现场管理规定等要求，并结合有关督查、交叉检查的反馈意见，为小作坊量身定制"一坊一策"个性化改造提升方案，并开展一对一指导帮扶，充分考虑小作坊的地理位置、硬件设施、厂区布局及生产经营水平等情况，对生产现场、贮存仓库、出厂检验等环节提供改造清单，提高了治理实效。

3. 抓亮点，树立标杆促发展

杭州市坚持"典型引领、示范带动、以点带面、整体推进"的工作方法，选树行业典型的阳光食品作坊，及时总结民生实事亮点经验，充分发挥"头雁"效应，激发广大食品小作坊改造提升的主动性。2015 年，杭州在建德市试点阳光作坊建设工程，从 2017 年起在全市推广，并打造了一批阳光作坊样板。其中，富阳区龙门镇洪牛堂通过"阳光作坊"改造不断提升作坊产能，显著降低食品安全风险，成为富阳龙门地区卤味作坊的标杆。

（二）启　示

1. 正确的价值取向

杭州市以统筹民生、传统、秩序与安全为价值取向，厘清了食品小作坊的监管思路。一方面，以破解小作坊监管难题为工作重点，建立简单易行的监管标准和整改规范，通过分类指导、全程服务、评价验收、跟踪检查，加强事中事后监管。另一方面，充分认识到小作坊在丰富人民群众食品种类、保障城乡居民就业、传承传统美食等方面不可替代的作用，较好地处理了改善民生与保障食品安全的关系、保护传统文化与保障食品安全的关系。

2. 监管与服务并重

杭州市坚持监管与服务并重，在小作坊综合整治过程中注重柔性化管理，重在引导和规范。在"名特优"小作坊和"阳光作坊"创建过程中，没有简单地采用小作坊"入园"的方式，而是化整为零，结合当地传统习俗、小作坊的发展规律和现实需求，"一坊一策一方案"，监管部门通过加强行政指导，辅导小作坊整改提升、贯标对标，实现作坊就地提升改造，保有了小作坊应有的地域风貌和文化传承功能，既留住了"乡愁"、传承了乡土文化，又提升了食品安全水平和百姓消费品质。需要搬迁新建的，地方政府在税收、土地、收费等方面给予扶持政策。例如，富阳区为解决场口镇土烧酒小作坊业主的资金困难，鼓励部分单位带头改、全面改，整改完成的单位，经相关部门联合现场检查确认后，予以发放奖励补助，资金由场口镇人民政府保障，有效发挥了财政保障作用。

3. 加强行业自律与协会建设

杭州市在小作坊治理中加强行业自律和行业协会建设，狠抓食品安全教育培训，提升小作坊业主的食品安全意识。实施有效的教育培训，可以从根本上改善食品安全状况，小作坊从业人员严重缺乏相关的教育和培训学习。杭州市各县（市、区）市场监督管理局组织食品小作坊开展如何建档、食品添加剂如何使用、环境卫生、食品安全操作规范等培训，提高从业人员的食品安全意识。行业协会牵头制定相关工艺标准，既有利于提高从业人员的生产加工技能，又为小作坊监管所配套的审查技术细则提供了依据，逐步引领食品小作坊向特色化、规范化、精品化方向发展。

第六章

探索"物联、数联、智联"
餐饮食品安全治理新模式

餐饮业是集即时加工、商业销售和终端消费服务于一体的食品经营业态，其供应链链条长、环节多、产业关联大、影响面广、管理难度高，且餐饮市场庞大、经营主体众多。因此，餐饮食品安全监管工作具有点多面广的特点，传统监管方式依赖于人工检查和纸质记录，监管难度大、效率低。

随着消费者行为的转变、市场竞争的持续加剧，以及新一代信息技术的深度应用，餐饮企业日益拥抱新技术，寻求数智化变革，转向以"线上＋线下""堂食＋外卖""餐饮＋零售"为主要特征的"全场景经营"。餐饮行业的数智化为餐饮企业带来了新的发展机遇，越来越多的企业通过精准营销、智能管理等方式，提升食品安全管理水平与挖掘地域特色美食并重，强化品牌建设，提高运营效率和消费者体验。

餐饮业的变革对餐饮食品安全监管提出了新的更高要求，监管的靶向性、精准性、有效性、协同性亟待提升，监管技术、手段和模式的现代化发展势在必行。2019 年以来，杭州市坚持以"智慧监管"为突破，大力实施"互联网＋明厨亮灶"，运用物联网、AI 和大数据等数字技术手段，把"阳光餐饮智慧监管"系统升级为"智慧厨房"，即"食安慧眼"系统，并将"食安慧眼"纳入"杭州城市大脑"应用场景，从"数字化"向"数智化、数治化"迈进，着力破解餐饮食品安全治理的重点、难点问题，以数字技术赋能基层食品安全治理。

一、餐饮质量安全提升：普适的行动路线

餐饮业收入占社会消费品零售总额比重达 10% 以上，是促消费、惠民生、稳就业的重要领域。❶ 国家统计局公布的数据显示，2023 年，全国餐饮收入超过 5.2 万亿元❷；2024 年 1—6 月，全国餐饮收入 26243 亿元，同比增长 7.9%。❸ 但同时，餐饮服务供给质量和结构仍然难以满足人民日益增长的美好生活需要，发展方式粗放、食品安全基础薄弱等问题仍然存在。在新的发展阶段，食品安全治理现代化是保障人民群众"舌尖上的安全"的必然要求，也是餐饮业持续健康发展的重要前提。构建科学、高效、智能的食品安全治理体系，成为监管部门和餐饮企业共同面对的重要课题。

（一）餐饮质量安全提升三年行动

2019 年 5 月，《中共中央　国务院关于深化改革加强食品安全工作的意见》公开发布，提出实施十项食品安全放心工程建设攻坚行动，以点带面治理"餐桌污染"。其中，实施餐饮质量安全提升行动的具体内容包括：①推广"明厨亮灶"、风险分级管理，规范快餐、团餐等大众餐饮服务；②鼓励餐饮外卖对配送食品进行封签，使用环保可降解的容器包装；③大力推进餐厨废弃物资源化利用和无害化处理；④开展餐饮门店"厕所革命"。

2020 年 9 月，国家市场监督管理总局办公厅印发《餐饮质量安全提升行动方案》，提出以"智慧管理"为突破，以"分类监管"为先导，在 2021—2023

---

❶ 孙红丽. 商务部等 9 部门联合印发《关于促进餐饮业高质量发展的指导意见》[EB/OL].（2024-03-28）[2024-09-10]. http://finance.people.com.cn/n1/2024/0328/c1004-40205513.html.

❷ 孟刚. 餐饮收入首破 5 万亿元 烟火气撬动消费新活力 [EB/OL].（2024-01-29）[2024-09-10]. https://www.xinhuanet.com/food/20240129/c0d2df951b8044c696e5770437e053e5/c.html.

❸ 红餐编辑部. 2024 年上半年全国餐饮收入 26243 亿元，增长 7.9% [EB/OL].（2024-07-15）[2024-09-20]. https://news.qq.com/rain/a/20240715A05FU000.

年推进落实五项重点任务：一是以人员培训为重点，强化检查和抽考，着力解决从业人员规范操作、食品安全管理员能力提升问题；二是以餐饮后厨为重点，突出重点区域检查，着力解决餐饮环境脏乱差问题；三是以进货查验为重点，督促餐饮单位履行进货查验记录义务，着力解决食品安全责任追溯问题；四是以餐饮具清洗消毒为重点，强化监督检查、检测和执法办案，着力解决食品安全制度执行问题；五是以推动"明厨亮灶"、鼓励举报为重点，强化社会共治，落实奖励措施，提高举报投诉处理效率，着力解决主体责任不落实问题。

根据《餐饮质量安全提升行动方案》，2021 年是"餐饮从业人员培训年"，聚焦从业人员和食品安全管理员培训考核，建立"两库一平台"（一套《餐饮服务食品安全管理人员必备知识参考题库》、一套学习课程或资料库、一个培训考核系统或平台），提升餐饮从业人员素质和食品安全管理人员管理能力，解决从业人员"不懂法、难整改"等突出问题。2022 年是"餐饮服务规范年"。聚焦餐饮食品安全风险，督促餐饮服务提供者、网络餐饮服务第三方平台严格落实疫情常态化防控工作有关要求。2023 年作为"餐饮环境卫生提升年"，聚焦餐饮环境卫生规范化、精细化管理，色标管理、"4D"（整理到位、责任到位、培训到位、执行到位）、"5 常"（常分类、常整理、常清洁、常检查、常自律）、"6T"（天天处理、天天整合、天天清扫、天天规范、天天检查、天天改进）等管理方法，打造"清洁厨房"。

自 2021 年以来，餐饮质量安全提升三年行动取得明显成效，国家市场监督管理总局出台了一系列主体责任落实、行政许可、日常监管等方面的餐饮服务食品安全监管制度和标准，细化餐饮服务食品安全风险管控要求。指导地方市场监管部门打造"清洁厨房"，开展"查餐厅"等专项行动，下达责令整改通知书76.3 万份，下线入网餐饮服务提供者 20.8 万家，立案 23.5 万件。❶

（二）餐饮业高质量发展集成式政策组合包

餐饮业新业态、新场景与新模式的发展，与餐饮食品安全治理模式的转型和

---

❶ 李晶晶. 打造"清洁"厨房 市场监管总局开展餐饮质量安全提升行动［EB/OL］.（2024 – 03 – 01）［2024 – 09 – 30］. https：//baijiahao. baidu. com/s?id = 1792323937525999340&wfr = spider&for = pc.

创新相伴相生、相辅相成。商务部、国家发展和改革委员会、财政部、人力资源和社会保障部、住房和城乡建设部、农业农村部、文化和旅游部、国家卫生健康委员会、国家市场监督管理总局等九部门于 2024 年 3 月 28 日联合发布《关于促进餐饮业高质量发展的指导意见》，从提升餐饮服务品质、创新餐饮消费场景、增强餐饮业发展动能、弘扬优秀餐饮文化、促进绿色发展、优化餐饮业营商环境、加强组织保障 7 个方面提出 22 项具体政策措施，旨在稳定和扩大餐饮消费，促进餐饮业高质量发展，更好地发挥餐饮业对扩大消费、稳定就业、保障民生、传承中华优秀传统文化的重要作用。

《关于促进餐饮业高质量发展的指导意见》从以下三个方面优化关键性政策，形成部门联动与要素集约保障的政策组合包，进一步促进餐饮产业融合与转型升级。

一是坚持问题导向，服务群众现实需要。坚持以人民为中心的发展思想，以强化食品安全为着力点，让群众吃得更加放心。推动技能提升，发挥标准引导、品牌示范作用，多角度提升餐饮服务品质，让群众吃得更加满意。推动发展社区餐饮、老年助餐、乡村休闲餐饮，优化餐饮服务供给，让群众吃得更加便利。规范餐饮市场秩序，保护消费者权益，优化餐饮消费环境，让群众吃得更加舒心。优化营商环境，进一步规范基层监管执法、涉企收费，维护经营秩序，增强企业发展信心。

二是坚持创新发展，激发发展新动能。培育一批品牌餐饮集聚区、小吃产业集群、品牌餐饮企业，鼓励因地制宜打造"美食名村""美食名镇"，发展社区餐饮、老年助餐服务。结合不同地域特色、消费人群特点发展主题餐饮，创新消费场景，促进业态融合创新。发展"数字＋餐饮"，鼓励餐饮领域智能技术与设备应用和数字化转型，推进数字化赋能。弘扬中华优秀餐饮文化，加强中餐国际交流合作，促进中餐走出去，拓展餐饮业发展空间。

三是坚持底线思维，统筹发展和安全。落实食品安全"四个最严"（最严谨的标准、最严格的监管、最严厉的处罚、最严肃的问责）要求，从原料准入、供应链和末端监管方面提升食品安全水平。强化部门和地方协同，加强安全生产管理，切实防范餐饮领域安全生产事故。加强反食品浪费监管执法和行业自律，培养和树立餐饮节约示范单位，推动餐饮企业和外卖平台减少餐饮浪费。建立健全绿色餐饮标准体系，支持节能环保改造和厨余垃圾源头减量，促进低碳环保发展。

二、"物联+智联"：杭州的模式转型及路径创新

杭州市是中国重要的电子商务中心，也是以新产业、新业态、新商业模式为主要特征的"三新"经济标杆城市。杭州市经济社会的蓬勃发展，促进了餐饮业的发展。2023 年，杭州市餐饮收入 1321 亿元，比 2022 年增长 12.8%。[1]

据媒体报道，杭州与上海、北京同居 2019 年本地生活餐饮消费力最高的三个城市之列，杭州也是全国夜宵消费力较强的亚军城市。[2] 毫无疑问，加快构建智慧高效的食品安全治理体系，以餐饮食品安全高水平治理推动杭州市美食餐饮业高质量发展，实现高质量发展和高水平安全良性互动，是杭州市高水平打造"数智杭州·宜居天堂"，推动城市治理理念、治理模式、治理手段智慧化变革的一项重要实践。

（一）从"阳光厨房"到"智能阳光厨房"

1. 全面建设"阳光厨房"和智慧监管系统

"阳光厨房"是浙江省为优化电子商务营商环境，规范管理外卖行业，提升食品安全水平推出的一项创新举措。由浙江省第十三届人民代表大会常务委员会第三十一次会议通过，于 2022 年 3 月 1 日施行的《浙江省电子商务条例》对"阳光厨房"建设作出明确规定，提供网络餐饮服务的平台内经营者以及通过自建网站、其他网络服务提供网络餐饮服务的电子商务经营者，应当在经营者信息

---

[1] 杭州市统计局，国家统计局杭州调查队. 2023 年杭州市国民经济和社会发展统计公报［EB/OL］.（2024 – 03 – 15）［2024 – 09 – 30］. https：//tjj. hangzhou. gov. cn/.

[2] 淡忠奎. 杭州要"翻身"了？［EB/OL］.（2023 – 04 – 07）［2024 – 09 – 30］. https：//www. sohu. com/a/664177996_115362.

页面的显著位置以视频形式实时公开食品加工制作现场。

按照《浙江省食品小作坊小餐饮店小食杂店和食品摊贩管理规定》有关要求，自 2022 年 1 月 1 日起，浙江省所有实行登记管理的小餐饮店新入网从事网络餐饮服务的，应当在上线前按规定建成"阳光厨房"，以视频形式在网络餐饮平台实时公开食品加工制作现场。

杭州市自 2015 年开始探索以"阳光厨房"建设为抓手，推进餐饮业质量安全提升行动，先后出台《杭州市 2015—2017 年"阳光餐饮"工程实施意见》《杭州市餐饮业质量安全提升三年行动计划（2018—2020 年）》。2016 年，杭州市开始推行校园"阳光厨房"工程。2021 年，杭州市将"阳光厨房"建设列入杭州市政府的为民办实事项目，率先把校园食堂和农村家宴中心纳入其中，明确学校食堂安装智能抓拍设备和物联设备，包括冰箱温控、餐饮具消毒、紫外线消毒等物联预警设备，通过互联网视频方式展示农村家宴中心后厨粗加工、清洗、切配、烹饪、消毒等关键环节。

2018 年以来，杭州市以推行"五可"（后厨操作可视、企业管理可量、食材来源可溯、诚信承诺可查、群众感受可评）和"三净四无"（三净指厨房、环境、餐具干净，四无指无过期食品、无违法添加、无回收食品、无违规操作）等餐饮食品安全操作规范为重点。组织开展"五可"阳光餐饮建设、"三净四无"示范餐饮店创建，深化农村家宴中心以及幼儿园、医院、敬老院等"三院（园）"食堂标准化监管，加快建设"网络订餐监管平台""阳光餐饮智慧管控平台""阳光检验检测平台"等。依托"网络订餐监管平台"，监管部门每月对网络订餐第三方平台开展一次线上抓取和监管数据比对，利用有关技术对美团、饿了么等订餐平台餐饮店铺开展实时抓取巡查，实现"以网管网"。依托"阳光餐饮智慧管控平台"，联通经营者、监管者、消费者三方的视频安全信息链。依托"阳光检验检测平台"，检验检测机构与省级平台数据功能实现无缝对接。

2. 升级"一中心三端口"阳光餐饮智慧监管系统

2019 年以来，杭州市加快推进"智慧餐饮监管"系统升级，综合运用物联网、云视频、人工智能和大数据等数字技术手段，把"阳光厨房"的"后厨可视"变为视频监控智能化的"智能阳光厨房"，成为违规行为和环境设备"可识别、可抓拍、可感测、可远程、可示警"的智能物联系统。与原先的"阳光厨房"相比，"智能阳光厨房"通过加装物联感应设备、AI识别抓拍系统，可以实时监控专间温湿度、空气消毒、冷库关门，抓拍员工违规操作行为，例如未戴口罩帽子、未洗手消毒、抽烟、玩手机等情况，及时发现安全风险隐患。

杭州市的阳光餐饮智能监管系统由电子台账管理、智能物联设备、人工智能抓拍、智能巡检巡查四个功能模块组成，初步实现利用AI分析识别，实现餐饮安全精准化、智能化管理。

（1）电子台账代替纸质台账

杭州市市场监督管理局制定并下发了《杭州市餐饮服务食品安全管理台账》电子版，规范台账登记的格式和内容，信息类别涵盖综合台账、菜品留样、消毒台账、人员晨检、采购验收、农药残留、食品添加剂食用、餐厨废弃物处理八大类，有效解决了纸质台账填写不规范、信息不完整、不易保存等难题。

（2）统一物联设备标准

通过物联设备智能感应晨检、洗手消毒、紫外线灯、冰箱冷库温度记录、挡鼠板移位等场景，自动进行视频分析后将检测到的数据传至监控平台，并对不规范行为进行预警。杭州市对视频监控的端口接入、监控分辨率以及参数指标等进行了统一，使全市范围内相关数据可以兼容共享。

（3）"AI管理员"抓拍预警

AI抓拍系统针对厨师行为进行规范管理，并上线厨师不按规定佩戴工帽、不穿工装、不戴口罩、违规抽烟、违规玩手机、进入专间未二次更衣等6种场景，通过抓拍和视频行为算法分析，可进行风险示警，及时纠正违规行为。

（4）智能巡检巡查

餐饮单位在后厨的各个关键节点张贴二维码，指定专人按规定对每个节点进行巡检，巡查员利用管理App扫码录入检查信息并上传，管理人员可以实时掌握巡检巡查情况，把结果与绩效考核挂钩。

杭州市基于"一中心三端口"餐饮智慧监管系统运行有效，"一中心"指餐饮食品安全指挥中心，"三端口"指企业、监管、公众三个端口，集成了餐饮经营主体食品安全管理、政府监督管理和社会监督三方共治功能，实现了食材来源可追溯、从业人员底数清、仓储条件可监测、操作环节全监督、后厨违规操作"可识别、可抓拍、可感测、可远程、可示警"。通过系统平台,指挥中心可以及时调度指挥,及时查处投诉举报等功能。餐饮单位通过企业端 App 上传证照、食材采购、人员健康、餐具消毒等食品安全信息,并运用全球定位系统(GPS)实现地理信息采集定位。监管部门通过政府端 App 开展网上巡查,现场检查时上传检查照片等。消费者可以搜索"众食安"进行下载,通过公众端 App 可以实时查看后厨操作情况,实现"看得见的美食体验",也可以查看该单位的抽检、处罚、食品安全评级等情况,并进行网上评价打分,监督餐饮单位规范操作。

近年来,西湖区依托"杭州城市大脑"项目,启用数字驾驶舱,通过数字赋能,不断提升乡镇(街道)"小脑"的统筹指挥调度作用,加强条线信息整合,创新智慧场景运用,创新民生直达、瞭望哨、无人机巡航、食品安全等多个应用场景。翠苑街道积极推进"综合治理指挥室"建设,其物联网智慧系统是西湖区第一个基层治理智慧化系统,在"大综合一体化"执法监管数字化应用实践中发挥了积极作用。

翠苑街道利用一体化指挥终端完成巡查任务,建立了"巡前—巡中—巡后"全流程数字化管理手段。巡查前,通过一体化指挥终端进行人员清点、签到等准备工作;巡查中,队员通过扫码完成巡查事项检查,并实时上报食品安全隐患信息;巡查后,队员根据"大脑"平台的指令,跟踪整改食品安全问题。为提高巡查效率,街道还为参与巡查的人员配备了单兵设备,指挥中心可通过大屏终端一键发起视频会商,快速传达和执行各项指令。

此外,通过"大综合巡一次"平台,检查中发现的问题会实时传送给企业负责人。企业可通过平台接收图片、整改报告等信息,并确认整改情况。对于拒绝整改或整改不力的单位,"大综合罚一次"队伍将上门进行行政处罚,确保问题整改形成闭环管理。同时,巡查队伍和社区食品安全网格员的工作质量和数量均通过数据分析进行月度评分,并将分数与个人绩效及年度考核挂钩。通过这些措施,全面提升了食品安全管理的效能和透明度,强化了责任落实,保障了居民的食品安全。

（二）分类分级构建智慧物联应用场景

2019 年以来，杭州市市场监督管理局借势"杭州城市大脑"建设，率先将学校食堂、大型以上餐饮单位接入"杭州城市大脑"，实现上城区湖滨一条街等多个场景运用，在此基础上全面布局智慧物联系统在全市餐饮领域的推广应用。

1. 特殊群体单位食堂和高风险业态应用场景

杭州市市场监督管理局与杭州市教育局于 2019 年 6 月联合印发《2019 年杭州城市大脑学校食安天眼智慧餐饮信息化建设工作实施方案》，要求各大中小学、集体用餐配送单位、中央厨房率先加快升级建设阳光厨房，视频接入智慧监管系统，实现智能抓拍，并接入"杭州城市大脑"，此模式逐步向幼儿园食堂、老年食堂、医院拓展。

按照分类指导、分类建设的原则，杭州市市场监管部门强化日常监管与服务并重，安排专人上门现场指导视频监控安装位置、数量等，确保后厨操作无死角向消费者展示。一是统一台账登记。规范电子台账录入的格式和内容，确保米面粮油、乳制品、肉、水产品等大宗食品来源清晰可溯。二是统一信息公示。统一设计食品安全信用信息公示牌，要求向社会公示餐饮许可证照、从业人员健康证明、食品安全承诺书、投诉举报电话等信息，督促餐饮单位落实企业主体责任。

杭州市学校、幼儿园、养老机构、医院等特殊群体单位食堂、集体用餐配送单位、中央厨房"阳光厨房"建设基本全覆盖。"阳光厨房"视频全部接入阳光餐饮智慧监管平台，同时生成三个终端 App，并按电子政务要求，统一接入浙江政务服务网，形成大数据"合流共享"。所有学校营养午餐配送单位的"阳光厨房"视频通过互联网向学生家长、老师开放，实现实时在线查看功能。

拱墅区打造了"拱墅区养老食堂在线"驾驶舱，将企业检查信息、主体责任落实情况、智能阳光厨房等信息统一汇总，实现了拱墅区市场监督管理局、拱墅区民政局、属地乡镇（街道）、村（社区）和养老企业的"四方共治"格局，使监管更加智能高效。拱墅区所有养老机构食堂均已安装并使用智能阳光厨房系统，通过 AI 抓拍、物联网感应等技术手段，及时发现并提示食堂整改问题。监管部门可以通过线上抽查，利用智能呼叫系统与食堂操作人员实时对话，实现安全隐患的即刻整改。

滨江区的康养医养养老机构已基本实现智能"阳光厨房"系统安装。在养老机构食堂的粗加工间、烹饪间、洗消间、专间（备餐间）等关键位置布设摄像头，并嵌入 AI 抓拍功能，建立消毒设施和冷藏冷冻设施的物联网感知系统，通过链路式接入智慧化监管平台，实施全面的食品安全智慧监管。通过"一户一码"信息公示，老人和家属可以通过微信扫码远程查看后厨操作，实时关注养老机构食堂的食品安全状况。

2. 餐饮街区应用场景

杭州市积极创建阳光餐饮街区，点、线、面结合深化餐饮食品安全治理。根据浙江省"阳光餐饮街区"创建要求，对区域内大小餐饮单位的食品安全、投诉处理、食品安全事故处理、食品采购销售管理、外卖配送规范、"众食安"App 使用等一系列规章制度落实情况进行综合评估。重点对台账录入、健康证、餐具消毒、外卖封签使用、阳光厨房建设等关键项检查，按照评估分数从低到高，确定"阳光餐饮"街区重点指导餐饮单位。西溪银泰城等已成功创建浙江省"阳光餐饮"街区建设。

拱墅区东新街道充分发挥杭州市首个街道级数字驾驶舱的优势，加强"手脑"协同，基于"食安慧眼"应用场景，积极推进街区餐饮单位"阳光厨房"建设。实时视频接入数字驾驶舱，实现了商圈食品安全的"无感监管"。

临平区东湖街道和南苑街道建设食品安全数字驾驶舱，该系统聚焦餐饮、农村家宴、外卖配送、进口水果和小食杂店等重点领域，实行红、黄、绿三色预警机制，后台信息一键显示，公众可以通过扫码实时查看食品安全信息，实现了监管可控、风险可视。临平区南苑街道依托数字驾驶舱，设置美食驿站互动大屏，集中展示"商街介绍""美食导航""食安在线""特色推荐""最新活动"五大模块，消费者可以便捷地查询食品安全信息。

餐饮企业低小散且面广，很难进行管理。为了守住安全底线、便于操作、便于监管，2020 年，拱墅区半山街道牵头建立了"半山街道小餐饮规范行动"微信群及 14 个点位商铺试点群，线上组建半山街道小餐饮自治自管协会，确定夏

意区块小餐饮作为智慧化治理试点。❶

半山街道出台《半山街道小餐饮规范化创建标准》，合理制定消防安全、食品安全、环境安全秩序标准"三大标准"共 21 条，在各社区、沿街店铺发放 1000 余册，既便于经营户对照执行，又便于执法检查和社会监督。❷

半山街道共有 129 家餐饮店，其中，夏意社区的小餐饮店比较集中，集中在半山东路、觅丁路两条路上，有 14 家店，周边居民的就餐需求量比较大，店面开的时间较长，设施设备老化，消防安全隐患、食品安全问题逐渐暴露出来。为了让周边居民吃得放心、吃得舒心，半山街道在小餐饮治理工作中引入数字监管，对夏意示范街的 14 个点位（经营户）实施"阳光厨房"小餐饮智慧提升改造项目和"油烟精灵"在线油烟监测项目，数据实时接入"望宸·智汇"平台。截至 2020 年底，完成了 14 家"阳光厨房"和 13 家"油烟精灵"安装。❸

半山街道从一问题比较突出、棘手的街区入手，把夏意小餐饮打造成示范街区，为其他片区的小餐饮治理总结经验。未来，"智能阳光厨房""油烟精灵"在全街道推广之后，有望实现全覆盖、全时段、全景式监管，提升综合监测、早期识别和报警能力。

3. 网络餐饮应用场景

杭州市在确保入住网络订餐平台的所有餐饮店铺亮证亮照经营的基础上，推进接入"阳光厨房"视频，敦促平台在醒目位置开设阳光厨房点餐专区，并将线下监督检查结果通过 App 关联到入住平台的餐饮店铺，供消费者了解店家的食品安全状况，已打通对接美团、饿了么等网络订餐平台。

杭州市基于共享的政府监管数据和平台管理数据，推动平台修改网规、信用评分方案，加大网店经营者失信惩戒力度。运用大数据功能对被投诉、被举报、被查处的经营主体进行建档，作为日常重点监管对象。通过大数据分析抓取网络消费维权热点，锁定高风险商家，实现了对违法行为的精准打击，有效解决了网络平台难监管的问题。

---

❶❷❸ 潘婷婷．小餐饮店装上了"阳光厨房""油烟精灵"系统 半山街道开展小餐饮综合整治专项行动［EB/OL］．（2020 - 12 - 30）［2024 - 09 - 20］．https：//hznews. hangzhou. com. cn/chengshi/content/2020 - 12/30/content_7883784. html.

拱墅区武林街道依托街道基层智治综合应用平台，加强对无证无照小餐饮的整治力度。通过这一平台，消费者可以通过外卖 App 内的"阳光外卖在线"窗口，实时查看餐饮店的后厨情况及经营许可证信息，获得更加透明和可靠的食品安全信息。

临平区南苑街道将"阳光厨房"系统接入餐饮智慧监管平台，实现了餐饮后厨的全面公开。所有街区的线上销售商户均接入饿了么、美团外卖等第三方外卖平台，消费者可以通过 App 实时查看后厨实景以及食材的清洗、加工和制作过程，提升了食品安全的透明度和可追溯性。

富阳区富春街道对商家的诚信公示、原料采购、加工操作等方面实施了全面整改和提升。所有外卖商家全部安装"阳光厨房"系统并上线"外卖在线"平台，街道定期发布食品安全"红黑榜"。

4. 农村家宴中心及乡村餐饮应用场景

杭州市将已建成的农村家宴中心"阳光厨房"全部接入阳光餐饮智慧监管系统，用户通过 App 申报家宴举办的时间、桌数、人数等基本信息。主要环节和流程是：在消费者申请办宴的同时，系统自动向办宴用户群众和乡厨团队推送《风险防控告知书》和《备案登记表》等文件。用户在"掌上"签字确认后，文件同步流转至属地备案，监管部门按类别进行线下指导。基于阳光餐饮智慧共治系统，杭州市农村家宴中心实现了"宴前承诺""宴中指导""宴后留据"全程覆盖，提升了家宴服务的规范化和标准化，有效保障了群众的食品安全。

临安区对原有的办宴备案系统进行了全面迭代升级，推出"家宴一件事"新模式。该模式在原有数字化基础上，进一步整合了家宴厨房预定、厨师团队选择、酒席菜单选定、婚庆套餐服务和服务评价反馈等各项内容，实现家宴中心、乡厨协会、婚庆公司、食材供应商、村社食品安全治理人员以及市场监督管理等部门的互联互通。同时，该系统通过数据模型自动生成食品安全红黑榜，消费者和监管部门均可查看，上城区丁兰街道以皋城村的农家乐为试点，开发了"云上皋城"数字管理平台，可提供导航找泊位、预订农家乐、查看用户评价、查看食品抽检报告等多项功能。

余杭区黄湖镇依托"未来青山"小程序推出"安心码"功能，消费者提前查看意向入住的民宿和农家乐的经营资质、从业人员的健康证、食品安全评分等关键信息。

（三）因地制宜探索治理新模式，助力阳光餐饮

杭州市各县（市、区）、乡镇（街道）结合当地实际情况，创新实践食品安全数智治理。

1. 注重基层数字平台应用

针对建筑工地食堂食品安全治理难题，拱墅区文晖街道升级了"文小慧"智慧治理平台和"小脑＋手脚"联合指挥中心，采取"线上＋线下"双管齐下的方式，形成建筑工地的精准画像，实现了"一屏显示、一码追溯、一网通办、一舱统管"的治理模式。依托"文小慧"智慧治理平台，该街道能够精准实施工地巡查、问题排查和隐患消除，提升了工地食堂食品安全风险防范能力和动态监管效率。同时，引导辖区工地食堂经营主体推进"互联网＋阳光厨房"建设，实现辖区在建工地的"阳光厨房"基本覆盖，并接入街道数字驾驶舱功能。

2. 注重信息公开机制

临安区以学校食堂为试点，推动畜禽产品全程追溯体系建设，猪肉和鸡蛋等重点品种实现了从养殖、流通到餐桌全程可追溯。学生、家长、老师等均可登录"浙食链"系统，查看学校所采购的鸡蛋的详细票据，清晰了解其从养殖场到食材配送企业，再到学校的每个环节的数据信息。萧山区建立了"码上知"信息公开系统，家长可通过微信扫描二维码，即可全面了解学校食堂的管理信息，包括供应商、菜价、菜品、财务支出及收费退费等，实现了"家长监督、公开监督、全流程监督"，提升了学校食堂的透明度和管理水平。

3. 注重营造"阳光"氛围

萧山区在全区范围内开展广泛动员，对辖区商业综合体、美食街、重点商圈等餐饮聚集区进行全面摸排，建立区级"阳光餐饮"街区（综合体）培育对象库，并组织相关乡镇（街道）、培育对象以及技术公司专题开展"阳光餐饮"街

区创建培育动员培训会,通过文件解读、邀请其他县(市、区)"阳光餐饮"街区分享交流创建成功经验做法等方式,明确和统一创建要求和方向,成功创建多条"阳光餐饮"街区(综合体)。

三、主要成效、经验与启示

(一)主要成效

1. 强化主体责任落实

杭州市的阳光餐饮智慧物联系统进一步推进了杭州市餐饮企业主体责任告知制度、自查制度、培训制度的落实,餐饮单位通过企业端 App 上传许可证照、地理定位、食材采购、食品配料、人员健康、餐具消毒等信息,管理台账全面电子化,实现餐饮单位基础信息全透明、过程全透明。"不合格食材比对系统"、"食材配送溯源系统"、过期食品预警等功能,敦促杭州市企业开展自查自纠,实现整改情况在线反馈,提高了管理效率。在线食品安全知识培训系统围绕餐饮服务操作规范主要内容,为餐饮从业人员、食品安全管理员搭建提供网上学习培训、网上考试平台,配套制作趣味性、动漫化的系列培训课程,增强了培训的便捷性、针对性和实效性。截至 2021 年 4 月,杭州市 66375 家餐饮单位全部实现餐饮智慧监管系统基础信息建档。❶ 大型以上餐饮单位和学校幼儿园食堂基本实现每日上传电子台账信息,餐饮单位积极落实主体责任提交采购、消毒、留样等。

2. 创新智慧物联监管

杭州市的阳光餐饮智慧物联系统以"阳光厨房"为基础,将 AI、物联网等前沿技术应用到餐饮食品安全领域,推进餐饮食品安全监管创新,提升监管的专业化和现代化水平。依托智慧物联系统平台,监管部门将逐路逐户"扫街式"

---

❶ 中新网浙江. 杭州推进阳光餐饮智慧监管系统 66375 家餐饮单位已建档[EB/OL].(2021-04-18)[2024-09-30]. http://www.zj.chinanews.com.cn/jzkzj/2021-04-18/detail-ihakpnmw1837584.shtml.

巡查与随时随地"靶向式"监控相结合，通过指挥中心后台进行大数据综合分析，梳理出问题频发、短板较多的餐饮单位，实施重点监管，制定双随机抽查方案，真正实现分类分级的精准监管。目前全市已建成视频监控模式阳光厨房6631家，在线接入阳光厨房视频1731家，实现智能抓拍494家。

3. 搭建"互联网+社会监督"共治平台

杭州市的阳光餐饮智慧物联系统的公众端口为消费者提供了参与监督的直通渠道，公众通过App扫码零距离观看餐饮单位后厨，直接查看餐饮单位主动公示的食材溯源、证照资料、人员健康以及监管部门检查、抽检等公示信息，实时定位举报违法企业位置。参照主流消费App设置，开通你点我检、投诉渠道、预约服务、订餐优惠、商家排序等互动体验功能，公众可以实时对餐饮单位的食品安全信息公示、餐具消毒、菜品质量、环境卫生、透明厨房建设等5个方面进行量化评价，上传文字评论和图片，逐步形成餐饮单位与消费者良性互动的格局。同时，系统具有自动评价和排名功能，通过大数据分析餐饮企业经营行为和信用表现，自动生成餐饮单位"红黑榜"并在线上发布，引导消费者选择诚信等级高的餐饮单位就餐，使"黑榜"餐饮单位积极整改。通过整合信用信息平台，加强与教育、民政、乡镇（街道）等单位的协同合作，形成联合信用监管机制，做到守信激励、失信惩戒。

（二）经验与启示

杭州市阳光餐饮智慧物联系统的推广应用，突破了传统监管模式难以应对繁重艰难任务的困境，初步构建了"物联、数联、智联"的餐饮食品安全基层治理新模式。

1. 用数字技术固化操作规范

阳光餐饮智慧物联系统为企业食品安全信息公开、自查承诺等主体责任落实和自律机制的形成提供了标准化操作指南，把创建"三净""四无""五可"阳光厨房的标准高质量落到了实处，成为"放心消费在杭州"的典范。

2. 用系统集成提升监管效能

通过大数据、云计算、物联网、人工智能等新兴数字技术的应用，赋能基层食品安全治理,实现了"机器换人"的智慧监管转变。通过大数据分析,对问题频发、短板较多或长时间不落实整改的餐饮单位进行重点检查,实现分类分级精准监管。

3. 以信息透明促进社会共治

"食安慧眼"为消费者监督和食品安全社会共治提供了规范、透明的参与机制,从单一依靠人看的"后厨可视",全面升级为不规范操作行为自动抓拍,实现"可识别、可抓拍、可感测、可远程、可示警",推动食材采购、储存、加工、管理等多环节的社会协调治理。

4. 以多维场景构建智治模式

阳光餐饮智慧物联系统的推广应用,很大程度上得益于列入"杭州城市大脑"项目,互联网技术与城市智能的融合,视频识别技术和数据智能算法的应用,城市数字化发展"多维场景"的融会贯通,促使城市治理各个领域、各个环节产生的数据"一网统管","数联"模式成为可能,从而推动阳光餐饮智慧物联系统不断迭代更新,也使全面、实时、全量的食品安全监管决策成为可能。

第七章

放心消费建设：进展、策略和挑战

消费是社会再生产的四个环节之一，它是生产的终点，也是生产的起点。高质量发展视角下生产的目的是满足人民日益增长的美好生活需要，使人们放心消费、乐于消费，扩大消费需求，形成新的消费热点和经济增长点，促进生产的进一步发展。在新发展阶段，把"放心消费建设"作为消费环境建设的重要抓手，筑牢消费与民生的安全纽带，是扩大内需、促进消费、提升消费者满意度、推动经济高质量发展的坚实基础。

近年来，杭州市将"放心消费在杭州、助推城市国际化"工作与国际消费中心城市建设、"品字标浙江制造"品牌建设、国家知识产权强市示范城市创建、国家食品安全示范城市创建等工作系统谋划、统筹推进。2023 年，杭州以"放心消费迎亚运"为契机，聚焦民生实事、服务市场主体、促进经济发展，深化开展风险评估和标准跟踪评价专项行动、农药兽药使用减量和食品产地环境净化行动、校园食品安全守护行动、农村假冒伪劣食品治理行动、餐饮质量安全提升行动、婴幼儿配方乳粉质量提升行动、保健食品行业专项清理整治行动、"优质粮食工程"行动、进口食品"国门守护"行动、食品安全示范引领行动等食品安全放心工程"十大攻坚行动"，把放心消费建设作为有效解决人民群众最关心、最直接、最现实的利益问题的重要平台，作为推进企业自律、建立市场监管长效机制、构筑食品质量安全保障体系的有力载体。

一、放心消费建设的关键要素：杭州的优势条件

（一）制度配套全

杭州市立足本地产业特色和独特城市韵味，出台系列政策措施，引导放心消费建设与提升城市消费能级、服务人民高品质生活需求有机融合。2017 年 7 月，《杭州市人民政府办公厅关于开展"放心消费在杭州、助推城市国际化"行动的通知》发布，明确了放心消费示范单位全面覆盖、商品和服务质量整体明显提升、消费纠纷处理机制高效便捷、消费领域重点突出问题有效解决四项目标。2017 年 12 月，杭州市的《关于进一步加强消费维权工作促进国际消费中心城市建设的实施意见》发布，提出要进一步健全完善消费者权益保护体制机制，聚焦重点消费领域，关注重点消费方式，保障重点消费群体，打造热点领域、网络领域、食品药品领域、景区商圈、老年和妇女儿童等"五项放心"消费。

2020 年 12 月，《杭州市建设国际消费中心城市三年行动计划（2021—2023 年)》发布，提出要加快建设全球智慧消费体验中心、时尚消费资源集聚地、知名休闲目的地，推动杭州城市商业知名度显著提升、数字生活新服务全面领先、国际化消费环境日臻完善、消费方式创新多元，建成立足国内、面向亚洲、辐射全球的国际消费中心城市的总体目标。2022 年，杭州市提出着力打造新型消费中心城市的目标，以及加快建设世界级地标商圈、高品质步行街，创建国际新型消费中心目标。

2023 年 9 月，《杭州市建设国际新型消费中心城市的实施方案 2023—2025 年（征求意见稿）》发布，确定了打造国际数字消费高地、国际消费时尚中心和国际便利消费示范区三大目标，制订了建设世界级消费地标、建设国际化商业街区、汇聚国际高端首店品牌、发展壮大新型消费企业主体、提升进口商品供给、提升杭州产品国际知名度、提升国际化服务功能、布局国际化消费载体、强化跨境电商发展优势、开展城市整体营销、打响城市消费品牌、打响"国际会展之

都"品牌、打响"世界美食名城"招牌、打响夜经济品牌、加快商业数字化转型、打造直播电商发展高地、打造新零售示范之城、培育新型消费生态圈、完善消费交通便利、推进放心消费建设等 20 条举措。其中，要求深入开展放心消费建设工作，引导线下实体店落实开展无理由退货承诺，实现在重点领域或行业拓展。创新建设优质商家联盟，完善商业信用体系建设。探索建立跨境消费者权益保护机制，推动跨境消费争议解决。加强各级消费者权益保护委员会组织建设，强化经营者主体自律，健全社会共治体系，塑造"放心消费在杭州"品牌。

（二）实践探索早

杭州市自 2005 年开始在全国率先探索推行"无理由退货"制度，近 20 年坚持不懈，其景区所有的商场、小店已全部加入了"无理由退货"承诺的行列。杭州市于 2017 年启动实施"放心消费在杭州、助推城市国际化"行动，在全国率先探索预付式消费、电商消费等领域消费者权益保护问题。2019 年，滨江区、淳安县、建德市、西湖区成为浙江省首批放心消费建设工作重点县（市、区），在放心消费单位创建、承诺无理由退货单位创建、消费纠纷处理等方面摸索了有效的经验做法。

2017 年，杭州市启动"品质食品示范超市"创建，率先在有关超市的六家门店设置肉菜鱼等品质食品专区汇集了 69 家基地和出口企业，符合"三品一标"（无公害食品、绿色食品、有机食品、地理标志）等高标准食品 506 种，品质食品认证率达 87.4%，让百姓的菜篮子拎得更加放心，取得了消费者放心满意、超市拓展市场、供应商提高效益的多赢效果。❶

自 2018 年，杭州市围绕消费环境安全度、经营者诚信度、消费者满意度和消费对经济增长的贡献率"三度一率"目标，着力健全完善消费者权益保护体制机制，打造"放心消费在杭州"品牌。2018 年，杭州市消费者权益保护委员会与杭州市警察协会签署了《关于建立消费维权良性互动合作机制的协议》，主

---

❶ 刘云涛. 全方位全链条保证品质食品安全 打造"示范超市"杭州"升级版"[EB/OL]. （2017 - 10 - 27）[2024 - 09 - 10]. http://www.cnpharm.com/c/2017 - 10 - 27/537689.shtml.

要包括建立纠纷偏激行为应对处置机制、非法职业打假行为应对处置机制、违法行为线索交互机制、不诚信商家信息查询机制和公安相关工作协调机制、消费纠纷快速处置绿色通道机制、常态消费宣传教育机制、促进消费合作机制、合作交流机制等协作内容。

（三）经济基础好

收入是决定居民消费的前提，整体来看，居民人均可支配收入越高的城市，人均消费支出往往也越高。根据国家统计局数据，2022 年，杭州市居民人均可支配收入达到 70281 元❶；2023 年，杭州市居民人均可支配收入达到 73797 元，比 2022 年增长 5.0%；按常住地分，2023 年杭州市城镇和农村居民人均可支配收入分别为 80587 元和 48180 元；城乡居民收入倍差 1.67，连续 13 年缩小。❷

2023 年，杭州市经济总量完成了从 1 万亿元到 2 万亿元的跨越，实现地区生产总值 20059 亿元，比 2022 年增长 5.6%。❸良好的经济基础提振了居民的消费预期和消费意愿，释放了消费活力。2023 年，全市社会消费品零售总额 7671 亿元，比 2022 年增长 5.2%。❹据杭州市商务局数据，2024 年上半年，杭州市实现社会消费品零售总额 3723.8 亿元，同比持平，增速比一季度提高 0.2 个百分点，是浙江省唯一增速提升的城市。❺

（四）技术支撑强

以数字化改革为牵引，杭州市推进数字孪生城市建设，完善全市物联感知体系，搭建物联感知基础平台。2024 年 1 月，《关于杭州市 2023 年国民经济和社会发展计划执行情况与 2024 年国民经济和社会发展计划草案的报告》指出，杭州

---

❶ 汤佳烨. 70281 元！2022 年杭州市居民 人均可支配收入公布 ［EB/OL］. （2023 - 02 - 06）［2024 - 09 - 30］. https：//www. hzzx. gov. cn/cshz/content/2023 - 02/06/content_8463897. htm.

❷❸❹ 杭州市统计局. 2023 年杭州经济运行情况 ［EB/OL］. （2024 - 01 - 24）［2024 - 09 - 30］. https：//tjj. hangzhou. gov. cn/art/2024/1/24/art_1229279240_4235168. html.

❺ 甄妮. 上半年演唱会数量是去年同期 4 至 5 倍 "演赛展流动的 GDP" 给杭城消费注入全新活力 ［EB/OL］. （2024 - 08 - 06）［2024 - 09 - 30］. https：//hznews. hangzhou. com. cn/jingji/content/2024 - 08/06/content_8769563. htm.

市已接入 168 种 234.3 万个设备、465.3 亿条数据，实现 47 个应用场景物联感知数据共享，为高水平实施放心消费建设搭建了良好的数字基础设施。

作为浙江省数字经济的领军城市，杭州市提出打造"全国数字经济第一城"，坚持数字创新驱动，打造人工智能、跨境电商、智慧城市等创新应用场景。《关于杭州市 2023 年国民经济和社会发展计划执行情况与 2024 年国民经济和社会发展计划草案的报告》指出，杭州市推进数字经济创新提质"一号工程"，全市数字经济核心产业增加值 5675 亿元，比 2022 年增长 8.5%。

杭州市围绕人工智能、量子科技、元宇宙等前沿领域，实施"1 + 7 + N"未来产业培育行动，推进省级未来产业先导区培育创建。数字经济的发展催生了新型消费模式，而大数据、AI、云计算、人工智能、物联网、区块链等新一代数字技术的应用也为放心消费建设提供了技术支撑。

（五）营商环境优

杭州市持续促进市场经营主体量质齐升。2023 年，杭州市新设市场主体 36.5 万户，其中企业 15.3 万户。截至 2023 年底，市场主体达 187.5 万户，其中企业 96.1 万户。❶ 杭州市加强标杆企业培育，6 个组织荣获第九届省政府质量奖，获奖数量全省第一。❷ 全面推广电子营业执照"企业码"应用，在国家电子营业执照小程序建设"杭州专区"，推出全国首个"信用服务"板块。

2023 年，杭州市实施营商环境优化提升"一号改革工程"，推进国家营商环境创新试点城市建设。2023 年 7 月，《杭州市优化营商环境条例》正式实施。2023 年 9 月，《杭州市人民政府关于全力打造营商环境最优市赋能经济高质量发展的实施意见》发布。2023 年 8 月，建德市入选全国第四批社会信用体系建设示范区。

---

❶ 杭州市统计局，国家统计局杭州调查队.2023 年杭州市国民经济和社会发展统计公报［EB/OL］.（2024 – 03 – 15）［2024 – 09 – 30］. https：//www. hangzhou. gov. cn/art/2024/3/15/art _ 1229063404 _ 4246617. html.

❷ 杭州市市场监督管理局. 杭州 6 个组织荣获第九届浙江省人民政府质量奖，数量保持全省第一［EB/OL］.（2023 – 12 – 22）［2024 – 09 – 30］. http：//scjg. hangzhou. gov. cn/art/2023/12/22/art_1693482_ 58925304. html.

二、放心消费建设的实施路径：杭州的守正创新

（一）创立优秀标杆

1. 培育建设国际消费中心城市

根据 2019 年商务部等 14 部门联合印发的《关于培育建设国际消费中心城市的指导意见》，国际消费中心城市是现代国际化大都市的核心功能之一，是消费资源的集聚地，更是一国乃至全球消费市场的制高点，具有很强的消费引领和带动作用。杭州市于 2021 年启动建设国际消费中心城市三年行动计划，对标"聚集优质消费资源、有新型消费商圈、消费融合创新、消费时尚风向标、消费环境建设加强、消费促进机制完善"等国际消费中心城市标准，推动消费、市场环境、经济发展、城市文化建设协同发展；接轨国际消费趋势，升级商品质量和服务；对标国际消费维权模式，构建监管维权新机制。

（1）打造国际消费中心城市一流形象

通过放心消费创建，杭州市拥有了一定数量、消费口碑较好的商圈、旅游景区及文体设施，杭州大厦等老牌热门商圈持续焕新，奥体印象城等新商业综合体迎来开业潮，开市客（Costco）超市等国际商业体纷纷入驻。龙湖杭州滨江天街、杭州滨湖银泰 in 77 等均打造了良好的商圈消费口碑；商务部"中华老字号"城市数量数据显示，杭州市拥有 39 家"中华老字号品牌"，在消费者心目中有着良好的品牌文化形象。❶

（2）打造"数字消费新潮流"引领之城

杭州市聚焦"放心消费在杭州"，实现长三角地区异地异店无理由退换货，建立了与淘宝、天猫等多家电商的消费纠纷绿色通道，为网购消费者保驾护航。

---

❶ 郭燕. 杭州为老字号传承与发展定制"护身符"［EB/OL］.（2023 - 06 - 26）［2024 - 09 - 30］. http：//zj. people. com. cn/n2/2023/0626/c186327 - 40469929. html.

依托"数智赋能"，大力发展新型数字消费，以武林—湖滨—吴山商圈和钱江新城—钱江世纪城商圈为核心，建设新零售示范之城。打造"新消费·醉杭州"杭城新消费品牌，连续三年举办"数智消费"嘉年华，打造全国首条"数字生活街区"文三数字生活街区，推出24小时智慧药房、无人超市、数字藏品全国线上首发等活动，引领消费新潮流。引导"老字号"企业将传统技艺带入有效营销方式，通过电商、直播带货、新零售自助机、新产品研发等多举措，引领时尚化、个性化、品质化的新消费。

（3）打造"赛会之都"一流消费环境

2023年，杭州市深入开展"放心消费在杭州 优化环境迎亚运"创建行动，覆盖全市食品生产流通、餐饮、健身等多个行业，高标准监督和管理第19届亚洲运动会场馆周边、商圈、旅游景区等重点消费集聚地放心消费建设，依据"质量安全、服务优质、纠纷快处、氛围浓厚"的杭州标准，打造国大城市广场、富阳万达广场等十大放心消费示范商圈，引领带动全市建成放心消费商圈136个，设立先行赔付资金池6000万元，全年实现无理由退货金额4381万元，提振了消费者信心。❶ 杭州市有杭州西湖国际博览会、世界休闲博览会、中国（杭州）国际纺织服装供应链博览会、杭州国际电子商务博览会等各类会展品牌，并成功举办第19届亚洲运动会等大型体育赛事，放心消费创建有力支撑了杭州市建设世界化地标商圈、高品质步行街，深化"世界美食名城"建设，做强首店经济、夜间经济，培育更多网红国货新品牌等城市发展目标，助力杭州市进一步提升消费品牌化和国际化水平。

（4）打造国际范杭州味的放心消费文化

杭州市突出数字化、国际范，发挥数字经济优势催生新型消费，培育高能级消费地标，打造国际新型消费中心。推进智慧商圈、商业特色街区、夜间经济集聚区建设，抓住第19届亚洲运动会赛事，以及餐饮美食、首店首发、"国潮老字号"等消费热点，创新消费场景，丰富商业层次。打响"世界美食名城"招牌。

---

❶ 汪晓筠，毛雨希. 杭州连续17年蝉联中国最具幸福感城市 连续5年位居全国百城消费者满意度前三名［EB/OL］.（2024-03-19）［2024-09-30］. https://hzxcw.hangzhou.com.cn/dtxx/content/2024-03/19/content_9665787.html.

杭州市深入挖掘和构建以"名厨、名服务师、名菜、名礼、名店、名街"为支撑的杭帮菜品牌体系，培育餐饮业知名商标、品牌和地标，开展"杭帮菜高质量发展十大行动"，积极推动"中国杭帮菜"申遗。在 2023 年中国（杭州）美食节暨首届杭帮菜美食嘉年华期间，现场设立了"一秒回到宋朝过端午""一站吃遍大杭州名小吃""一起尽享中外当红美食"三大主题展区，以及"端午龙舟 + 杭帮菜文化展示区""亚运运动互动区""拍照打卡区"等，集合百余家餐饮企业、千余种美食，呈现近两万平方米的大型美食盛宴。

（5）打造"安心行"高品质城市"微窗口"

杭州市按照"货真价实、质量安全、服务优质、纠纷快处、氛围浓厚"原则，建成多个放心消费高速服务区，实现全域覆盖。各服务区因地制宜引进非食类项目，引进可摆放多种商品的组合式自动售卖机，满足不同群体多元化出行需求。开展服务区直播宣传，释放高速公路服务区流量红利，使地方特产走上高速、走出地方、走向全国，发挥高速公路服务区的"通道经济"功能。服务区自营"驿佰购"商超全面落实"同城同价"，全域推行"无理由退货 + 先行赔付"机制，让消费者买前"选择放心"、买时"消费放心"、买后"维权放心"。

（6）打造杭州制造标准

杭州市推进制造业提质增效，全面启动低效整治、创新强工、招大引强、质量提升四大攻坚行动。在全国省会城市中率先出台《杭州市质量促进办法》，全力建设有全球影响力的先进制造业强市。①推动"品字标"品牌建设，2023 年新增"品字标浙江制造"标准多个、认证企业多家，新增数、累计数均居全省前列。②打造"未来工厂"，提升杭州市制造业高端化、智能化、绿色化发展水平，已有省级认定和市级认定的"未来工厂"多家，引领消费升级新风向。③深化放心工厂创建，结合产品质量分级分类监管，加大"放心工厂"宣讲力度，强化"放心工厂"创建的指导，全流程提供帮扶指导服务，指导工厂建立消费维权服务站工作，从源头把控加强消费环境建设。杭州市还组织开展"杭城好物"选品对接活动，围绕一批优质产品，组织产品企业、直播电商企业进行产销对接，依托直播电商的巨大流量实现杭产品的集中曝光、数据落地，提升放心消费体验。

2. 创建放心消费商圈

放心消费商圈，是指遵守《产品质量法》《食品安全法》等相关法律，自愿参加"放心消费在浙江"创建活动，共同营造安全放心的消费环境，达到消费安全、消费质量、消费价格、消费服务、消费维权更放心等相应要求的商圈（街区）。

杭州市自 2021 年起引入放心消费商圈标准化建设。2022 年 5 月，杭州市地方标准《放心消费商圈创建与管理规范》（DB 3301/T 0365—2022）发布，通过标准引导加强对消费环境事中事后监管，成为优化营商和消费环境的重要措施，提升杭州市消费环境安全度、经营者诚信度、消费者满意度，并在全市多个放心消费商圈推广地方标准应用。

2022 年 5 月，《杭州放心消费监管服务工作指南》发布，提出要进一步加强对放心消费单位的事前、事中、事后培育，日常监管，年度"后评价"开展全程指导与监管。加强对创建单位的分类指导，按照"一圈一特色、一街一场景"的创建思路，鼓励各参与创建单位结合地域特色、商圈文化、品牌文化、行业特色创新开展放心消费创建。

杭州市某连锁商场推出消费新风尚，做出最长 60 天的异地异店无理由退货承诺，并从全杭州的多家门店推向全国其他店。杭州市已引导全市多家企业加入长三角异地异店退换货联盟，建成无理由退货承诺单位。

拱墅区推行"武林商圈放心消费党建联盟"，搭建政企联动桥梁，与杭州大厦、国大城市广场等商圈重点企业签署结对共建协议，以商圈共谋、资源共享、项目共建、活动共办、品牌共创优势，凝聚商圈协作力量，开展放心消费商圈标准化试点项目。举办政企微讲堂、红盾驿 + 助企服务、投诉举报研讨会等活动多个场次。充分发挥消费维权联络站作用，增强企业主体责任，实现投诉举报处置效能大幅提高，消费者满意度达到 90%。

钱塘区打造"高校放心商圈联盟"，依据高校消费特点，梳理了放心餐饮店、放心便利店、放心教育培训机构等 12 类商户的创建标准，编制了《钱塘区高校放心创建工作指导手册》，有效提升校园消费环境。同时依据大学生消费热点认真研判分析，靶向施策，协同联动各行业部门对食品安全等问题攻坚破难，有效实现校园消费投诉降量明显。持续以区校合作、校企合作的模式，促进职业教育与区域产业协同发展，已建成见习实训基地多家，有效助力钱塘区高质量发展和高教园区高水平建设。

萧山区推出"放心消费出行第一站"，在杭州萧山国际机场、沪昆高速萧山服务区践行放心消费承诺，打造放心消费商圈。鼓励商户广泛参与"长三角"异地异店退换货活动，实现线下无理由退货"升级版"，严守食品药品安全、公平计量、明码标价等关口，让消费者畅享出游安心。同时，依据消费者消费习惯，开设消费维权联络站，设立专人专岗专线，全面聚焦解决消费者"急难愁盼"问题，落实消费纠纷不出店、不出圈的高效调处机制。

3. 创建放心消费乡村

放心消费乡村是指按照"产业兴旺、生态宜居、乡风文明、治理有效、生活富裕"的乡村振兴战略总要求，以提升消费环境安全度、经营者诚信度和消费者满意度为根本，将美丽乡村建设和放心消费建设有机融合，助推乡村振兴战略优化乡村放心消费环境。

2019 年 9 月，浙江省地方标准《乡村放心消费建设与管理规范》（DB 33/T 2219—2019）正式实施，从经营与管理、质量与安全、投诉与监督等 12 个方面规范放心消费乡村建设。杭州市按照该标准，要求：①坚持乡村放心消费建设与美丽乡村建设相统一；②将乡村放心消费融入高质量发展，努力实现小康社会、美丽浙江、高品质生活；③结合乡村综合治理，进一步提升乡村放心消费与乡村综合治理的有机衔接。在民风民俗、乡贤文化、消费观念、体制机制、乡村产业、基础设施等方面做出"因地制宜"的个性化赋能；在乡村放心消费建设方面，连"点"成"片"，连"片"成"面"，以放心消费单位"量变"催化消费环境"质变"，为浙江省打造放心消费城市的远景目标探索经验。

建德市结合人文地域特点，打造放心消费"五色"乡村。一是发放"放心消费梅花榜"，"诚信经营五维图"一图在手放心购，打造宋韵古风的梅城镇"梅红"古街。二是构建"党性领建、德性育建、本性继建、硬性管建、共性统建、个性扩建、惯性创建、慧性组建、良性树建"的"九性"创建标准，打造集成渔村特色与文明城市内容的"水蓝"三都镇"九姓渔村"。三是发挥党员先锋模范作用，商户联席机制提升规范经营和高效解纠水平，打造党建引领的更楼街道国大阳光"红色"商圈。四是推行"一户一码"，一码吃遍整街美食，打造"智由消费"的寿昌镇 909"夜色"街区。五是将诚实信用、合法经营纳入乡规民约，打造一诺千金的乾潭镇马岭天观放心消费村落。

桐庐县以"一街一区一产业"（莪山民族村主街、戴家山民宿区、红曲酒产业）为目标，以区域内党支部为核心，由市场监管干部、管理服务机构党员、经营户组成"1＋1＋1＋N"的网格联户模式，打造莪山畲族乡"放心消费"党建联户建。各村食品安全专管员、民宿代表及各经营户等组建了放心消费志愿服务队，负责放心消费日常宣传、优秀创建商家经验交流、纠纷化解调解，做到了"消费小纠纷不出街村"。建立多元维权网络，在全县主要景区、商场和大型服务点建立多个维权服务站，设置消费维权留言板，方便消费者进行消费体验留言，直观展示了放心消费的创建成果，激励商家进一步提高服务质量。

淳安县打造"全域"放心消费示范。在枫树岭镇设立了"大下姜"区域品牌指导服务站，提升品牌特色农产品的市场竞争力，助力区域共富。在下姜村创建了放心消费文明乡村，吸纳了商圈和乡村内多家商户参加放心消费承诺活动，营造了良好的社会共治氛围。以千岛湖中心区湖的"渔乐岛"景点为试点，推行旅游景区"五星五色"监督管理制度，改善餐饮经营单位卫生，有效排除食品安全隐患。以环千岛湖经济圈为重点，不断提升管理智能化水平，全力构建旅游、餐饮、住宿、骑行等"放心消费"综合体。

4. 创建放心消费直播间

放心消费直播间是指依法取得从事网络直播营销活动行政许可的直播电商经营者，自愿参加"放心消费在浙江"创建活动，共同营造安全放心的消费环境，达到消费安全、消费质量、消费价格、消费服务、消费维权更放心等相应要求的直播间。

一是大力推进标准建设，引导电商经济健康合规发展。2023 年 3 月，杭州市出台全国首个地方标准《放心消费直播间管理规范》（DB 3301/T0393—2023），不断提升网购领域放心消费建设，更深层次推动放心消费创建提质拓面，全力打造"放心消费在浙江"标志性成果，有力推动电商直播领域强质提优。

二是指导放心消费直播间成立直播售后专项，及时响应消费者的反馈和需求，消费者整体服务满意度大幅提升。杭州市加大推动电商企业"个转企、小升规"力度，不断夯实电商企业梯队建设，开展直播电商合规运营行政指导，开设放心消费直播间教育课堂，推动新电商企业做大做强，有效提高服务能力和运营能力。

三是发挥"杭州数智网监"平台作用，制定《杭州市"放心消费直播间"创建试点方案》，建立直播间协调工作机制和部门联动机制，明确平台、商家、主播和多频道网络（MCN）机构的"四维管理规范"，确保了"放心消费直播间"的常态化选育和动态化监管。截至2023年3月，杭州市建成137个放心消费直播间。❶

四是推出实施包容审慎柔性监管、服务经济稳进提质举措。杭州市在推动平台经济持续发展中，积极构建以事前预防为重点的监管制度体系，联合制定推动平台经济健康持续发展的实施细则。大力实施"平台点亮"工程，规范引导电商平台落实"亮照、亮证、亮规则"等三点亮措施。制作《千万别上当》《带你了解直播购物那些事》等多个宣传视频，组织开展网购领域放心消费建设消费教育。

截至2023年3月，余杭区拥有电商类市场主体5万余个，从业人数超12万❷；已有多家直播企业参与试点工作，一些直播间被设立为放心消费直播间体验点，涵盖了家具用品、食品、体育健身用品、服装等多个行业。以天猫超市为例，其通过成立直播售后专项，该直播间在商品品质和价格方面的负面评论显著减少，同时能更及时地响应消费者的反馈和需求，消费者整体服务满意度较2022年同期有效提升。2023年上半年，余杭区网络零售额数据，达1043.75亿元，首次跃居浙江省区（县、市）第一。❸

❶ 马焱. 网购如何放心消费？杭州已有137个放心消费直播间，天猫超市、毛戈平、网易严选都是示范体验点［EB/OL］.（2023-07-10）［2024-09-30］. https：//baijiahao. baidu. com/s? id = 1771040389043851352&wfr = spider&for = pc.

❷ 刘丽雯. 共同探索电商未来发展之路［EB/OL］.（2023-03-07）［2024-09-30］. http：//www. yuhang. gov. cn/art/2023/3/7/art_1532128_59038015. html.

❸ 白赟，石蕊，王力军，等. 上半年网络零售额为1043.75亿元 余杭区首次跃居全省第一［EB/OL］.（2023-07-27）［2024-09-30］. https：//www. hzzx. gov. cn/cshz/content/2023-07/27/content_8587875. htm.

上城区作为浙江省"绿色直播间"建设首批试点，全方位探索构建直播电商数字治理和立体监管新模式，打造绿色直播间。创新制定《绿色直播间管理规范》《上城区"绿色直播间"星级评定办法》《直播产品质量内控细则》，精心培育多家"绿色直播间"。探索研发"直播电商数字治理平台"，共梳理出 11 项需求，谋划了 10 个应用场景，集成 2 张数据清单、4 张系统清单，通过建立违法行为关键词库和智能分析模型（关键字审核模型、声音比对模型、图像比对模型、价格模型）、违法行为智能识别并标记等，对直播电商企业视频数据开展智能分析。平台已将区内 616 家直播企业、963 个直播间、1222 名主播纳入动态监管。❶

滨江区成立直播电商产业基地与直播产业联盟，推动直播电商产业与区内优势产业相互协同、高度融合、深度孵化，为服务双循环新发展格局、助力中国品牌出海、推动乡村振兴、赋能中小企业探索发展模式。在制度合规方面不断探索，建立直播电商产业的"滨江标准""滨江品牌""滨江指数"。依靠制度创新激发直播电商企业发展活力，对企业精准帮扶、深化"放管服"优化审批手续等手段，切实帮助企业解决经营中的困难和问题，打造一流电商直播企业发展生态。

5. 创建放心消费示范县（市、区）

（1）拱墅区创建情况

拱墅区作为杭州中心城区，始终保持全省领先的千亿级"社零航母"地位，2023 年全区社会消费品零售总额 1363.9 亿元，比 2022 年增长 3.9%，总量稳居全省第一。❷ 拱墅区将放心消费建设与消费提振、民生改善等工作同部署、同推进，打造全国首个"放心消费"核心城区范例，建成大武林、大运河、新天地、大和平等四大放心消费核心商圈，全面覆盖多个大型商业综合体。

一是以大武林商圈为突破口，联合武林街道出台《"全域武林放心消费"示范创建工作实施方案》，明确以街道作为创建主体，部门监管、行业规范、企业

---

❶ 马焱. 全国首个直播电商数字治理平台在杭州上城区试运行，香奈儿、原版等成为直播敏感关键词［EB/OL］.（2021 - 11 - 19）［2024 - 09 - 30］. https：//baijiahao. baidu. com/s?id = 1717739788307922081&wfr = spider&for = pc.

❷ 华炜，柳景春，石钰辰. 拱墅迈步从头越 登攀敢为峰［EB/OL］.（2024 - 02 - 21）［2024 - 09 - 30］. https：//www. hzzx. gov. cn/cshz/content/2024 - 02/21/content_8690950. htm.

自律、社会监督多元参与的工作体系。

二是将胜利河美食街打造成为全省首条"阳光餐饮＋放心消费"双示范街区，街区商户投诉率下降 35%，客流量增加 10%、营业额增加 15%。❶

三是指导银泰百货发布"放心消费 IN 计划"，推出"24 小时发货延迟赔付""上门取件退换货"等消费者权益服务保障，不断优化消费者体验。

四是为武林夜市摊位发放杭州市首批食品摊贩营业执照、试点杭州市"一键和解"消费者权益保护数字化改革应用、诚信商户评选示范引领等举措，营造放心消费环境。

五是在菜鸟驿站建设 12315 消费维权联络站，与属地市场监督管理所联络直通，服务周边居民。成立"孙其刚消费维权工作室"并入驻有关商场，派驻拥有多年维权经验的执法干部，第一时间帮助协调解决投诉纠纷，拉近商家与消费者距离。

据杭州市市场监督管理局数据，截至 2023 年底，拱墅区建成放心消费单位 6838 家，放心消费商圈 13 个，接收举报投诉咨询总计 56693 件，投诉举报三率指标均达 100%，为消费者挽回经济损失 1164 万元。❷

（2）钱塘区创建情况

钱塘区以打造安全、放心、满意的消费环境为目标，建成多家放心工厂，且各行业龙头企业也在发挥其示范带动作用。钱塘区还指导企业从产品的研发、原料、品控进行全流程管控，同时注重物流、销售环节和售后管理的保障，从生产源头保障产品品质。

一是加强消费者科普教育。钱塘区建设多家品牌体验馆暨消费教育基地，普及特色产品消费知识，引导消费者科学理性消费，其中九阳品牌馆入选国家工业旅游示范基地。

---

❶ 杭州市拱墅区市场监督管理局．省级示范！拱墅入选［EB/OL］．（2023 - 08 - 16）［2024 - 09 - 30］．https：//mp. weixin. qq. com/s?＿＿biz＝MzA4ODIyNDYwMw＝＝&mid＝2650440101&idx＝3&sn＝5a0ed 1fa83897f555dbd8fd4c4702c31&chksm＝88234791bf54ce87f1a309c958f55f0b06b95f9577ed945d1adbd6aa7e80aaa a00d53363aeb3&scene＝27.

❷ 杭州市拱墅区市场监督管理局．2023 年度拱墅区市场监督管理局工作总结［EB/OL］．（2024 - 01 - 09）［2024 - 09 - 30］．http：//www. gongshu. gov. cn/art/2024/1/9/art_1229598196_4231576. html.

二是加强高校校园消费环境建设。钱塘区创建高校放心商圈联盟，聘任大学生消费维权志愿者，设立浙江传媒学院、中国计量大学等 6 家放心消费教育基地，聚焦餐饮外卖等高校周边业态和大学生消费热点，结合校园贷、套路贷等网络诈骗、金融诈骗等风险隐患治理，加强科普警示宣传。组织开展高校放心消费环境建设暨创建高校放心商圈联盟现场会活动，杭州市公安区钱塘区分局、杭州市钱塘区市场监督管理局、杭州市钱塘区商务局等部门设置咨询台，与大学生面对面开展防诈、预付卡消费、进口商品等相关知识的宣传与咨询。

三是稳妥处置消费投诉及舆情事件。2023 年，钱塘区针对打假人举报某企业产品虚假宣传事件，对所涉产品进行了监督抽检，检测结果为合格；对产品涉嫌虚假宣传的问题进行立案调查；此后钱塘区政府多次召开协调会，与企业对接沟通要求妥善处置消费投诉，避免产生新的舆情。

（3）桐庐县创建情况

桐庐县以点带面优化全域放心消费创建格局。截至 2023 年底，桐庐县建成放心消费单位 1926 家，其中无理由退货单位 859 家，放心工厂 259 家，放心消费区 7 个，完成银泰城和高速服务区放心商圈创建。❶

一是持续推进全县创建。桐庐县全面提质"放心民宿"建设，加强"阳光厨房""放心市场"等建设，全面开展放心消费自查提升，让消费者买得放心、吃得安心。建立多元维权网络。在桐庐县主要景区、商场和大型服务点建立多个维权服务站。对景区消费维权服务站进行规范升级，有效提升游客投诉举报成功率、满意率。

二是高标准创建省级放心消费区：合村乡、莪山畲族乡。合村乡推进美丽城镇省级样板、美丽乡村 3.0、省级"5A 级景区"、省级运动休闲小镇、民主法治村、省级放心消费示范区"六联创"，组建"映山红"放心消费志愿服务队，成立合村乡放心消费维权站，为合村乡创建"省级放心消费示范区"建立了双重

❶ 杭州市市场监督管理局．杭州桐庐以点带面优化全域放心消费格局［EB/OL］．（2023-01-22）［2024-09-30］．https：//mp. weixin. qq. com/s?__biz=MzA5NTgwMzYzOQ==&mid=2651495317&idx=1&sn=8c46f11223a3cd95f5eeaac3c0950d7f&chksm=8b47fa0dbc30731bece8442e1e2c5d0c1861bed0f07d98733fa711cbd0f51cbe850c33d366b4&scene=27.

保障机制。莪山畲族乡把"打造民族乡村共富标杆"与省级放心消费示范区创建有机结合，创新推出消费维权留言栏，构建由市场监管干部、管理服务机构党员、经营户组成的"1＋1＋1＋N"网格联户模式，践行"纠纷不出乡"，助力乡村振兴。

三是因企施策指导放心工厂创建。桐庐县对杭州艺福堂茶业有限公司的全程可追溯和阳光工厂、智能车间建设及茶叶标准制订给予精准帮扶和技改支持，指导实施以精选原料、精细生产、精密管理为主的产品全生命周期质量管理，夯实"从茶园到茶杯"放心消费的基石。桐庐县指导该企业建设"放心直播间"，让消费者"买到的"即是"看到的"，做到产品宣传售卖一致；指导该企业完善客诉机制，全国率先提出"三泡三尝不满意可7天无理由退换货，并由该公司承担来回邮费"承诺，坚持"首问负责"，提高售后服务和投诉处置效率。

（二）健全完善消费维权体系

1. 推进基层消费者权益保护工作规范化建设

杭州市在消费维权领域践行新时代"枫桥经验"，深化落实"有感服务、无感监管"理念，对照浙江省市场监督管理局制定的有关消费者权益保护机构、基层所、基层消费维权联络站三类规范化建设标准，全面推进基层消费者权益保护机构规范化和"清廉消保"建设，提升基层消费纠纷化解能力，实现消费纠纷及时、就地、高效、源头化解。

（1）清廉建设促进基层规范化

杭州市组织实施《杭州市市场监督管理局"清廉消保"建设实施方案》《基层消保工作规范化建设方案》。杭州市发布浙江省首个地方标准《消费维权清廉建设工作规范》（DJG330185/T 01—2023），在临安区锦城街道琴山未来社区等"清廉消保"实践点的示范带动下，培育"廉思维"、提高"廉自律"、养成"廉习惯"。按照"组织体系有力、制度体系健全、社会共治有序、工作保障到位"要求，建成多家基层消费者权益保护工作规范化场所。

（2）着力提升队伍能力素质

把消费维权业务技能比武活动作为落实基层消费者权益保护工作规范化建设

和提升消费者权益保护队伍整体素质的重要抓手。持续营造基层消费者权益保护工作队伍"学法律、强本领、争先进"的浓厚氛围，扎实做好消费者权益保护工作人才支撑，提升基层消费者权益保护工作规范化建设水平。2023 年 8 月，杭州市市场监督管理局对各地在浙江省消费维权业务技能比武中成绩突出的集体和个人进行表彰，杭州市桐庐县市场监督管理局、杭州市建德市市场监督管理局、杭州市富阳区市场监督管理局等 3 家单位获得组织奖，来自市场监管局、在线消费纠纷解决（ODR）企业、维权联络站的多位同志获得先进个人。2023 年 10 月，在第二届全国市场监管 12315 技能大比武中，杭州市有 18 名选手获全国"挑战赛一等奖"，包揽浙江省个人成绩前十，1 人获"决赛特别奖"。❶

临安区制定的地方标准《消费维权清廉建设工作规范》，围绕消费者维权通道畅通、投诉举报公正处理、工作人员廉洁履职等重点事项作了系统规范；临安区编印了《消费维权廉洁公约》《消费维权小故事》，拍摄《蓝卫士说清廉》系列微视频，营造"清廉消保"建设氛围。杭州市临安区市场监督管理局与辖区乡镇（街道）、村（社区）联合打造青山湖宝龙广场餐饮消费维权服务站、琴山社区维权服务站等放心消费服务平台；选派"清廉消保"行风监督员，设置"消费维权你来说""放心消费留言墙""执法监督专项回访"等群众监督反馈平台；综合运用巡回指导、分类管理、考核评估、星级管理、群众测评等方式，形成监督管理闭环，切实提升"清廉消保"创建质效。

西湖区着力打造"清廉消保"，在其消费者权益保护机构、杭州市公安局西湖区分局留下所、蚂蚁科技集团股份有限公司开展"清廉消保"建设，织密消费维权清廉"防护网"，开展岗位廉政风险排查，梳理剖析潜在风险，制定岗位正负清单，严格落实首问责任制、一次告知制，作出"八不"廉洁承诺，"定规矩、划红线"，持续加强消费维权效能建设。西湖区还以网红商圈、知名街区、商品市场为核心，积极培训青芝坞、天目里等多个消费维权联络站，构建部门、商圈、经营户、消费者"四方"协商机制，实现消费纠纷就地受理、就地解决，全力打通消费维权"最后一公里"。

---

❶ 杭州市市场监督管理局.18 人获全国一等奖！杭州在全国 12315 技能大比武中取得好成绩［EB/OL］.（2023－12－02）［2024－09－30］.https：//weibo.com/2797439000/NvfIH1a5K.

2022年，临平区首家消费者权益保护"共享法庭"启用，其配备了联席法官、庭务主任和消费调解员，凝聚杭州市临安区市场监督管理局、消费者权益保护委员会、临平区人民法院三方合力，以促进消费纠纷高效化解。临平区还建立消费维权调解室，打造"消费维权党员服务站"，并建立"谢东调解室""塘栖古镇"消费维权联络站等一批特色调解室；构建消费纠纷多元化解及社会共治机制，组建人民调解员队伍，消费者权益保护委员会秘书处聘用专业律师参与其纠纷调解；建立有关放心消费协管员队伍，充分发挥协管员队伍作用，发挥辖区地区优势，组建浙江理工大学学生消费维权义工队伍，充实消费维权志愿者队伍力量。

2. 加强消费维权体系建设

杭州市坚持"以人民为中心"的工作理念，力求及时化解消费纠纷，探索数据溯源管理，切实发挥消费维权"前哨"和"稳定器"作用。

（1）提升处置效能

杭州市积极公示消费投诉，公示量居全省第一；此外，还推进重点企业在线消费纠纷解决建设，推动企业直接处理和协助处理消费纠纷多件。

（2）打通维权"最后一公里"

杭州市在商场和超市、商圈、村（社区）、快递站点等人流集中场所，2021年，累计搭建12315维权站点327家，推动引导消费纠纷就近解决、源头化解。杭州市消费者权益保护委员会与法院联合设立消费纠纷"微法庭"，成功化解诉讼前消费纠纷291起。❶ 临安区打通消费维权"最后一公里"，充分发挥"徐营长工作室""琴山社区消费维权联络站"等维权基层站点的示范引领作用，实现消费纠纷调解不出商圈、不出乡镇（街道）、不出村（社区）。

（3）创新实践"一键和解"

杭州市实施"一键和解"消费纠纷化解数字化改革，探索消费纠纷创新解决机制。在西湖景区周边等地开展12315消费纠纷"一键和解"试点，将"一

---

❶ 张洁君. 杭州举行3·15国际消费者权益日纪念活动新闻发布会［EB/OL］.（2022-03-15）［2024-09-30］. https：//www.hangzhou.gov.cn/art/2022/3/15/art_812269_59051815.html.

键和解"功能嵌入支付平台，力争消费纠纷在源头化解。2023 年，杭州市为 3.27 万家放心消费单位开通"一键和解"功能，保障交易 4200 万笔，商家 24 小时投诉处理率过半。❶

（4）破解民生热点难点问题

杭州市市场监督管理部门会同杭州市商务局、杭州市体育局、杭州市卫生健康委等行业主管部门，积极回应民生关切；协同杭州市体育局出台体育健身行业示范合同；协同杭州市商务局、杭州市教育局等部门对美容美发、教育培训等行业开展专项整治。杭州市消费者权益保护委员会发挥社会组织监督作用，对不同行业的企业（体育健身、网购、二手房交易等）进行专题约谈，落实行业自律，压实企业主体责任。

（三）探索破解消费者权益保护领域难题

1. 靠前指导提升企业能力

滨江区通过座谈、调研、培训等多种形式开展企业应对恶意打假的行政指导，加强以案说法的普法力度和政策法规的宣贯，提升企业风险意识和合规管理能力。

2. 部门联动加强执法办案

拱墅区加强各类恶意打假行为的研判，多部门联合实施"职业打假"不当谋利治理，通过"行刑衔接"（行政执法和刑事司法相衔接）移送的某"凉菜"打假线索已被杭州市公安局拱墅分局正式立案，成为杭州市首个跨部门联动打击恶意打假的典型案例。

3. 法律收紧引导良性发展

萧山区人民法院引导打假者通过向相应执法机构及消费者权益保障组织进行维权，尽量消解牟利性打假诉讼，并针对消费打假诉讼的主体相对集中、涉诉反复的特点，确定审理团队专门审理，对知假买假行为和职业打假者进行有效甄别，确保裁判尺度统一。

---

❶ 奚金燕，朱诗瑶. 2023 百城消费者满意测评报告发布 杭州连续五年入围前三［EB/OL］. （2024 - 03 - 14）［2024 - 09 - 30］. http：//www. zj. chinanews. com. cn/jzkzj/2024 - 03 - 14/detail - ihcypchm5942581. shtml.

4. 凝聚共识打击恶意索赔

余杭区出台了遏制恶意投诉举报的综合治理举措，探索对商家的监管容错、免罚政策，支持有关企业推出一站式风险管理平台"营商宝"，汇聚政府部门、互联网企业、商家、消费者的力量，运用 AI 技术实现社会共治。

5. 强化程序规范有效应对

为落实浙江省市场监督管理局起草的《关于有效应对职业投诉举报行为营造良好营商环境的指导意见（征求意见稿）》，杭州市构建和完善应对职业投诉举报行为处理的容错机制，明确了恶意举报引发的复议诉讼不纳入政府考核。拱墅区制定《投诉举报回复章程》，进一步强化程序规范，强化基层队伍建设，提升处理职业打假投诉举报答复工作的规范水平。

三、主要成效

近年来，杭州市放心消费建设工作紧扣质量放心、安全放心、价格放心、服务放心、维权放心"五个放心"主线，结合"放心消费迎亚运""建设国际消费中心城市""争当浙江高质量发展建设共同富裕示范区城市范例"等工作部署，立足本地产业特色和独特城市韵味，不断优化消费环境。杭州在 2019—2023 年全国百城消费者满意度测评中都排名靠前，"放心消费"创建数量及质量在 2019—2023 年均居浙江省首位，重难点领域创新实践处于浙江省乃至全国"放心消费建设"前沿。

（一）创建数量质量双提升

截至 2023 年底，杭州市共建成放心消费单位 4.9 万家，其中，无理由退货承诺单位 1.9 万家、放心工厂 3965 家、放心网店 552 家；放心消费高速服务区实现市域全覆盖；放心消费金融网点 695 家，为创建企业减息让利 1.43 亿元。杭州市市场监督管理局全系统共接收投诉举报 164.6 件，投诉按时初查率、办结

率和举报按时核查率均较高。❶

（二）创新出台标准规范

2022 年 5 月 20 日，杭州市发布地方标准《放心消费商圈创建与管理规范》，规范了放心消费商圈的组织保障、消费环境、质量安全、明码标价、维权保障和满意服务等六大方面建设内容，明确了放心消费商圈的认定规则、动态管理、结果运用等三个方面的管理内容，实现了放心消费商圈创建标准化。2023 年 2 月，杭州市发布《放心消费直播间管理规范》地方标准，从消费安全、消费质量、消费价格、消费维权等四个方面对直播电商领域强质提优，引导电商经济健康、合规发展。

（三）完善消费者权益保护治理体系

推进"清廉消保"建设，提升消费维权效能。推广"加减乘除"四步工作法：在消费维权宣传上做"加法"，强化消费警示、消费维权法规宣传；在消费维权流程上做"减法"，试点接诉即办、集中受理、分片办理、部门联动的投诉举报快速处置机制；在消费维权作为上做"乘法"，规范办件人员行为，提升消保队伍能力；在消费维权路径上做"除法"，打通快速解决通道，培育消费纠纷在线调解企业。构建多元多维机制，建立"大维权"体系。

杭州市加强组织保障、部门协同和社会参与，建立政府、部门、行业、企业、社会组织多元治理维权体系，构建行业监管、综合监管、行政执法相结合的部门协作机制；发挥第三方评估、消费者评价和社会监督作用，推动经营者、消费者、社会组织、政府部门、司法部门、新闻媒体等多元主体共同参与。

（四）有力保护消费者权益

杭州市围绕"满意消费长三角"和"放心消费在浙江"行动，践行"有感

---

❶ 汪晓筠，毛雨希. 杭州连续 17 年蝉联中国最具幸福感城市 连续 5 年位居全国百城消费者满意度前三名 [EB/OL]. (2024-03-19) [2024-09-30]. https://www.hzzx.gov.cn/cshz/content/2024-03/19/content_8703330.htm.

服务、无感监管"理念，推进机制建设提能聚力、预付治理提级促改、放心消费提质拓面、消费维权提速增效、信访化解、提优保质，护航亚运持续优化消费环境，全力建设新型国际消费中心城市。积极回应消费者合法合理诉求，切实维护消费者权益。2023 年，杭州市按要求办理信访条线平台转办件，开展接听"12345"市长公开热线日活动，完成现场调解或回访的热线办理，其中涉及食品安全、合同履约、网购退货、消费维权等问题。

（五）有效增强城市影响力

截至 2023 年底，杭州市首店经济快速发展，已有 8 条市级商业特色街和 13 条高品质步行街。❶ 2023 年杭州市引入各类首店超过 300 家，为消费升级和城市商业发展注入新活力。牵头发布全球首批电商领域国际标准，创新建设网上经营"便利通"，探索构建平台经济合规管理体系。

四、经验与启示

杭州市在推进放心消费建设过程中，牢牢把握"促进消费、提升质量"这一根本要求，抓住消费维权关键点，注重做到"四个抓好"（抓好机制建设、抓好"3 + 6 + X"单元体系建设、抓好数字监管能力提升、抓好基层消费者权益保护队伍能力提升），持续优化消费环境，提升城市品质。

（一）抓好机制建设

1. 加强顶层设计突出组织保障

杭州市政府牵头成立放心消费创建领导小组，建立消费维权部门联席会议制度机制，构建"政府主导、部门监管、行业协同、企业主体、社会参与"的一体化推进工作体系。

---

❶ 金华珊. 各大城市争抢的"首店经济"杭州如何更进一步？［EB/OL］. （2023 – 03 – 21）［2024 – 09 – 30］. https：//www. hzzx. gov. cn/content/2023 – 03/21/content_8496520. htm.

2. 加强政策供给突出激励导向

杭州市推动将示范创建纳入党委和政府工作要点，并融入政府相关部门重点工作中。按照"X+创建"的思路，多部门联合出台行业创建的扶持措施和配套激励政策，营造协调配合、广泛参与、齐抓共管的良好氛围。

（二）抓好"3+6+X"单元体系建设

1. 加强示范创建

杭州市以示范创建为抓手，进一步深化放心消费单位创建行动，不断提高放心消费单位、商圈，乡镇（街道）、村（社区）等基础单元建设质量，以"放心商店、放心餐饮、放心网店、放心工厂、放心市场、放心景区"等为主要载体，打造具有地域特色的窗口示范放心消费单位。

2. 注重标准引领

杭州市编制《放心消费商圈创建与管理规范》地方标准，引导创建向商圈、街区、综合体、市场等消费重点区域集聚。鼓励各单位结合自身特色文化开拓创新，形成"一圈一特色、一街一场景"的放心消费新局面。

3. 加强宣传教育

杭州市组织"3·15"活动、"放心消费大声说"系列活动，加大消费者权益保护新闻宣传力度，赋能消费者理性消费、科学消费、依法维权，提升消费者的维权意识和能力。

4. 开展质量提升

杭州市持续开展质量提升行动，抓住重点创建领域在产品质量、服务质量上的瓶颈问题，开展质量攻坚行动，以质量提升为放心消费创建固本强基。

（三）抓好数字监管能力提升

1. 深化维权数字智能应用

杭州市搭建可视化"12315"平台投诉举报数据大屏，发挥"数字驾驶舱"智治作用，实时归集分析网购消费、职业索赔、重点企业等重点问题数据，监测预警预判发展趋势，为消费维权提供精准监管和靶向执法依据。

2. 实施消费维权领域信用监管

杭州市推进各级各部门消费维权信息共享，加强信用信息的归集、分析、共享和利用，为消费者提供商家信用信息一站式查询和消费预警提示服务。

（四）抓好基层消费者权益保护队伍能力提升

1. 推行"清廉消保"建设

杭州市树立"依法公正、便民为民、清廉温暖"的理念，强化办件人"两清单、一规范、一办法、一公约"落实，推广"以五好促三廉"的清廉消费者权益保护站建设做法，即通过宣传消费维权好故事、蓝卫士说清廉好视频、家人廉政好嘱咐、墙上晒廉好典型和家风家训好传承等多形式来逐步培育"廉思维"、提高"廉自律"、养成"廉习惯"，切实提升了消费者权益保护维权效能。

2. 推进基层消费维权服务站建设

杭州市按照"多方参与，社会共治，因地制宜，灵活建站"原则，推动消费维权网格从商场街区、旅游景区、综合体、行业协会等向商居一体社区、村居、路段等场所延伸拓展。全方位加强指导培训，提升基层站点规范化水平，使消费纠纷更多在最前线化解，切实提升了消费者满意度。

五、问题与建议

（一）主要问题

1. 市级层面

（1）部门协同共建乏力

"放心消费创建"作为地方政府的责任所在，诸多工作涉及各职能部门的相互配合、协同共建。其中，消费维权联动机制、协同创建机制仍不健全，部门之间容易出现推诿扯皮的现象，消费者一件投诉需要找多个部门、跑多趟处理。个别部门之间对一些消费维权案件进行了联合维权，但维权机制尚未常态化，部门间消费维权数据尚未实现共享，维权力量分散，整体上未形成工作合力。

（2）创建成效有待固化

不同行业、不同创建单位的自我管理水平存在一定差异，对通过放心消费和无理由退货提升自身品牌及竞争力的意识和观念不同，创建成效容易出现反复。例如，履行放心消费和无理由退货承诺的长效化不足。

（3）放心消费信息的真实可靠性有待提升

放心消费的关键在于消费者和商家之间构建信任，而商家向消费者传递产品或服务真实、完整、可靠的信息则是有效的手段之一。另外，创建单位在真实宣传、价格透明、公平计量等方面有待进一步强化。

（4）重难点领域创建工作有待攻坚突破

针对预付式消费、特殊群体消费（老年人和未成年人）等领域的消费者权益保护，以及职业打假人恶意索赔处置机制等方面，在理念、机制、方法、工具等方面均有待研究和创新突破。

2. 县（市、区）级层面

（1）"接诉即办"压力较大

关于投诉举报案件的处理时间，相较于法律规定时限，在实际操作中一般是压缩减少处理时限。例如，举报 15 个工作日内处理，投诉 7 个工作日内处理，市场热线案件 5 个工作日，紧急案例 3 天完结，即时件及时处理，基层工作人员的工作强度大，对接收的投诉举报 2 小时分送、24 小时回应的难度较大。

（2）基层维权力量不足

基层市场监督管理部门承担了市场热线办分流的案件和市场监管局内部分流交办的案件，其中，基层案件数量多，办案人员少，维权力量不足。

（3）基层调解人员专业知识缺乏

处理消费投诉的工作人员存在法律法规理解不到位、调解纠纷经验不足等问题，导致调解工作效果不尽如人意。

（二）改进建议

1. 市级层面

（1）完善创建协同工作机制

开展放心消费创建，是杭州市惠民生、促消费的重要举措，各级各部门应进一步加强协同协调，通过切实解决一批群众关切的消费维权热难点问题，挖掘并展示一批特色亮点和先进典型，让放心消费成为杭城市民衡量城市能级的重要标尺，进一步推动构建"政府、市场、社会"多元参与的消费维权社会治理新格局。

（2）以信用管理为基础深化放心消费创建

杭州市推进各级各部门消费维权信息共享，推进信用信息的归集、分析、共享和利用，为消费者提供商家信用信息一站式查询和消费预警提示服务。深化放心消费领域信用监管，健全市场主体信用分类监管体系，完善社会信用约束和联合惩戒机制。推动落实黑名单、经营异常名录、警示等管理制度，实现"一处违法、处处受限"的市场联合监管。

（3）持续开展质量提升行动

杭州市抓住一些共性的消费维权上的技术难题，尤其是产品质量、服务质量上的瓶颈问题，开展质量攻坚行动，深化"浙江制造"品牌建设，以质量提升为放心消费创建固本强基。

2. 县（市、区）级层面

（1）加强基层规范化建设

杭州市以落实《浙江省市场监督管理局关于印发基层消保工作规范化建设指南的通知》为契机，建立统一规范的基层投诉举报工作机制、规章制度和工作流程。加强基层一线人员力量配备，通过完善专职、兼职、流动消费者权益保护队伍建设，在人员配置上更为灵活、丰富，进一步充实监管力量。

（2）强化消费维权法律服务站功能

杭州市在各网格片区设立消费维权法律服务站，选派专业律师参与服务站工作，提供法律意见，指导双方当事人达成调解协议，对调解中止、未达成协议的消费案件，指导消费者进入诉讼程序并跟踪提供专业法律服务。

（3）加强创建指导和宣传推广

杭州市提高参与主体的积极性。分区域分类别细化创建标准，进一步提高创建工作水平和质效。充分利用各类宣传载体，多角度、多层次、全方位开展"放心消费创建"进乡镇（街道）、村（社区），进商圈、进家庭、进学校，营造人人知晓、人人参与创建的格局，力促形成公众参与、社会支持、消费者满意的良好环境，进一步提升创建的社会知晓度、商家参与度、消费者满意度。

第八章

杭州市各区食品安全治理
现代化探索与实践

一、临平区：数智化提升食品安全基层治理效能

临平区被称为"浙江省最年轻的区"。2021年4月，杭州市进行行政区划优化调整，将原余杭区以运河为界，分设临平区和新的余杭区。运河以东部分为临平区，❶下辖运河街道、乔司街道、崇贤街道、临平街道、东湖街道、南苑街道、星桥街道和塘栖镇。

近年来，临平区围绕高水平建设"数智临平·品质城区"总目标，大力推进食品安全领域改革创新，全面落实党政同责，稳步推进数智治理，不断夯实基层基础，持续强化风险防控，争创高质量发展建设共同富裕示范区样板。

---

❶ 林建安. 在杭州区县（市）里，这位最年轻的兄弟，势头正猛［EB/OL］.（2023 – 03 – 23）［2024 – 09 – 30］. https：//appm. hangzhou. com. cn/article_pc. php？id＝538295.

（一）落实落细食品安全制度

1. 将食品安全列入重点工作

临平区落实食品安全责任制，将食品安全纳入政府年度重点工作，并多次召开专题会议，研究部署食品安全工作。同时，将食品安全列入综合目标考评和领导班子考核，压实食品安全监管责任。

2. 多跨协同，多层联动

临平区加强协作联动，监管部门横向联动，乡镇（街道）、村（社区）纵向协作，建立"全面覆盖、分级管理、层层履责、网格到底、责任到人"的食品安全网格化监管体系，全面、及时、准确掌握基层食品安全动态信息、安全隐患，以及群众反映的热点难点问题。

3. 包保落地，强化责任

食品安全包保责任制，是指在食品生产、流通、加工、餐饮等各个环节中，明确各方责任和义务，通过加强监管和管理，确保食品安全。临平区成立了食品安全"两个责任"（食品安全属地管理责任和企业食品安全主体责任）专班，明确工作机制和工作任务，在梳理情况、摸清底数的基础上，将全区多家食品生产经营单位分层分级包保。将"两个责任"工作相关文件精神纳入街道理论学习中心组学习，弄懂"分层分级、精准防控、末端发力、终端见效"的内在含义。临平区食药安委印发有关实施方案，其中 B 级包保单位协同杭州市临平区市场监督管理局、临平区商务局、临平区教育局、临平区民政局、临平区住房和城乡建设局、临平区卫生健康局等行业主管部门，建立"组团式"包保工作机制。

（二）数智驱动食品安全监管数字化转型

1. 阳光透明，常态可视

临平区全面推进食品安全领域数字化改革，赋能食品生产、流通全过程。按照"全程监管智慧化、关键环节可视化、闭环管理常态化"的目标，指导食品生产企业加工过程的规范化、透明化改造，推动接入"阳光工厂""阳光厨房"应用场景。推进"浙食链"系统运用，指导企业按照"一码统管、闭环管理"

的总体目标和"厂厂阳光、批批检测、样样赋码、件件扫码、时时溯源、事事倒查"的具体要求,完成与食品安全监管云平台的数据交互。作为"浙食链"支付试点单位,临平区在浙江省率先开通"浙食链"应用支付功能。截至2022年7月,临平区为298家生鲜门店统一制作"浙食链"码❶,消费者信息在扫"支付码"支付时将自动录入"浙食链"应用,一旦发生食品安全事故,即可第一时间向下追溯到消费者、向上追溯到经营主体,为"浙食链"应用推广积累了经验。

2. 数智监管,赋能增效

临平区东湖街道、南苑街道采用"数智+协管"的方式,开发并上线食品安全数字驾驶舱,聚焦餐饮、农村家宴、外卖在线、进口水果、小食杂店等重点领域,初步搭建了食品安全数智管理平台。依托数智平台,通过落实"红黄绿"三色预警机制,做到平台后台一键显示、群众扫码实时查看,实现监管可控化、风险可视化,有效提升了乡镇(街道)食品安全治理能力和管理水平。

3. 数字支撑,快速响应

临平区规范开展食品安全事故应急演练,创新"科目式过程演练",按照"报告与通报""评估与启动""救援与调查""后期处置"四个部分,进行全过程、全要素演练。在事故调查中充分运用"防疫餐饮在线""浙食链""浙冷链""阳光厨房""阳光工厂"等多个数字化信息系统,快速、准确地查找生产链、供应链中的事故原因,大大提高了应急处置的效率。

4. 创新引领,试点示范

临平区以南苑街道和东湖街道食品安全数智治理驾驶舱和五星食安办建设为示范,带动临平区树立全方位、全区域、全食链数智治理的新理念。以南苑街道"食安绿道"建设为窗口,在临平区营造食品安全治理大宣传、强改革的浓厚氛围。以银泰城阳光餐饮街区建设为抓手,在临平区推行餐饮数智治理示范街区。以杭州新希望双峰乳业有限公司、浙江蓝海星盐制品有限公司和朱家角农贸市场数字化试点为突破,例如,食盐品种实施全球二维码迁移计划,将浙江蓝海星盐制品有限公司产品上的"浙食链"二维码与浙江省食盐质量追溯二维码进行融

---

❶ 杭州市临平区市场监督管理局. 临平区市场监管局开展生鲜门店专项整治行动 [EB/OL]. (2022-07-22) [2024-09-30]. http://www.linping.gov.cn/art/2022/7/22/art_1229595303_4070787.html.

合，实现二码合一、一包一码，为临平区食品生产经营主体推进"数智食安"摸索了操作方法。

（三）夯实基层深化食品安全社会共治

1. 四级联动管控风险隐患

临平区以东湖街道、南苑街道建设五星食安办为契机，实施食品安全四级流转处置体系，做到小问题不出网格、一般问题不出社区、突出问题不出街道、重大问题区级处置。

2. 吸纳第三方参与食品安全社会共治

临平区加强第三方食品安全检查员队伍建设，吸纳社会力量共同参与食品安全治理，形成政府主导，多方参与的共治格局。具体措施包括：①选择资质好、技术精、专业强的第三方机构参与食品安全管理；②聘请专业企业成立食品安全专职服务队伍；③成立区级食品安全监督协会，协助开展食品安全日常检查。

3. 食品安全宣传融入社区社会

临平区打造寓教于乐、融会于景的"食安绿道"，营造人人关注食品安全、人人重视食品安全的社会氛围，制作食品安全小程序，不定期举办彩绘活动、亲子互动等，引导居民群众关注食品安全问题，共同守护辖区食品安全。

二、富阳区："三严"打造"富春山居"食品安全金品牌

富阳区位于富春江下游。2023 年，富阳区综合实力在全国百强区排名第 48 位，被列入全国首批共富观察点，[1] 连续四年获评中国最具幸福感城区，[2] 成功

---

[1] 方宗晓. 全国排名！富阳，第 48 位！［EB/OL］.（2023 – 11 – 22）［2024 – 09 – 30］. https：//mp. weixin. qq. com/s?__biz = MjM5ODM4Mjg3Mg = = &mid = 2651542167&idx = 1&sn = cd9f534500362584679 6259f37cabf49&chksm = bd346ee08a43e7f6fdfeed5c878a77dcb1bf530d6a7245d7c01b63 efdfec0a449ad36b329da7& scene = 27.

[2] 杭州市富阳区数据资源局. 富阳连续 4 年获评中国最具幸福感城区［EB/OL］.（2023 – 11 – 27）［2024 – 09 – 30］. https：//www. fuyang. gov. cn/art/2023/11/27/art_1385737_59344079. html.

摘得浙江省首批"二星平安金鼎"❶。

2022 年以来，富阳区全面对标浙江省高质量发展建设共同富裕示范区要求，开设"富春山居"品牌馆，通过实施品牌严选、数智严管、销售严抓的"三严"策略，在保障"富春山居"品牌馆入选产品安全、优质、优价的同时，打通区域品牌食品、优质农产品销售"最后一公里"，实打实确保农业增收、农民富裕，积极探索山乡经济共同富裕和现代化新路径。

（一）品牌严选，把好"富春山居"品牌馆入门关

1. 严控产业链上游质量

"富春山居"品牌馆的进馆产品主要是特色乡土食品，例如东坞山豆腐皮、场口土烧酒、新登馒头、永昌臭豆腐、永昌竹笋等富有富阳地方文化特色和辨识度的食品。富阳区为确保产品质量，组建工作专班，对全区各个小作坊原产地，实施多轮全面检查、专项检查，从源头严把关。

2. 严控入馆产品质量

富阳区将已完成阳光工厂、名特优小作坊、"5S"小作坊、"阳光工厂 2.0"、关键危害点（CCP）风险智控建设的优秀企业产品入馆销售。入选"富春山居"品牌馆进行入销售的各个食品生产企业、小作坊均应用先进质量管理方法，全面推行由国际标准化组织（ISO）制定的 ISO 9001 质量管理体系、ISO 22000 食品安全管理体系，以及危害分析与关键控制点（HACCP）体系认证，通过"富春山居"品牌馆，树立富阳区食品质量标杆。

（二）数智严管，构建"富春山居"食品安全链条闭环监管

1. 突出"数字管"，提升监管效能

以"浙食链"平台为支撑，实施"富春山居"品牌馆食品全链条、生命周期溯源管理，压实食品安全责任链和追溯链。督促指导辖区内供货食品生产企

---

❶　杭州市富阳区数据资源局. 平安建设"十八连冠"富阳捧回"二星平安金鼎"[EB/OL]. (2023 - 03 - 31) [2024 - 09 - 30]. https：//www. fuyang. gov. cn/art/2023/3/31/art_1385737_59319816. html.

业、小作坊、农产品经销商上线使用"浙食链"平台，品牌馆内实现食品生产加工"可视化"，实现 24 小时全天候、全过程、无接触线上监管。

2. 突出"全面查"，强化监督检查

杭州市富阳区市场监督管理局成立检查小组，不定期对"富春山居"品牌馆在销食品进行监督检查和抽检，建立风险闭环管控机制，对问题隐患实施"实时监控＋即时整改"，做到风险全发现、全处置、全闭环。同时，请专家现场指导，严格规避由于标签不合格导致的职业举报问题，确保场馆内产品安全。

3. 突出"企业查"，落实主体责任

富阳区督促"富春山居"品牌馆落实主体责任，在食品生产环节，全面推行食品安全自查工作制度，采取"线下＋线上"方式，将馆内各种食品的生产全部纳入定期自查和不定时的专项自查，提升食品安全保障水平。在食品销售环节，运用"浙食链"扫码销售，可实现"一键溯源"。

（三）销售严抓，打通乡愁食品"最后一公里"

1. 上链"政彩云"，帮助农民增收

富阳区引导"富春山居"品牌馆上线"政采云"服务平台，为富阳特色产品开辟了"政彩云"线上采购的渠道，让富阳产品走向浙江省。其"政采云"平台上的"富春山居品牌馆"入驻多家公益性运营商家，为农民增收的目标。

2. 开设"直播间"，开拓产品销路

富阳区引导辖区小作坊规范化、标准化、品牌化发展，支持"富春山居"品牌馆建立了自己的网络直播团队，开通富阳区"小作坊食品"网络销售渠道，为"深巷"里的富阳区乡土"名特优"走向全国市场创造条件。例如，将东坞山豆腐皮、永昌臭豆腐、龙门米酒、湖源灰汤粽等传统特色美食文化统一宣传、统一包装，助推富阳乡土小农美食走向全国大市场。2023 年，"富春山居"品牌馆累计上架富阳区名优农副产品商品 700 余个，成交订单 1124 笔，交易金额

2124.95 万元。❶

3. 成立"品牌站"，保增质行稳

富阳区以本土特色食品为服务主体，组建部门、街道、协会参加的多个食品营销指导服务站，为辖区食品小作坊提供地理标志使用、管理、维权和品牌培育等知识产权领域的一站式便利化服务，提升食品生产经营主体的品牌意识和经营能力。

三、拱墅区：数字传播引领食品安全文化新风尚

拱墅区是杭州市传统主城区之一。2021 年，原拱墅区与下城区合并成立新的拱墅区。❷ 2023 年，拱墅区入选全国"放心消费"核心城区范例❸、浙江省全域旅游示范县（市、区）❹。

2022 年以来，拱墅区立足监管职能，以新媒体传播为重要方式，采取多样化、多端口、多层次的宣传手段，针对食品安全知识科普、保健品防诈、法规政策普及等内容，灵活运用短信、情景短视频、歌舞短视频、直播等形式，开展了一系列民众喜闻乐见、社会影响较好的食品安全宣传活动。

（一）每周推送，小短信发挥大作用

自 2018 年以来，拱墅区以杭州市创建国家食品安全示范城市为契机，坚持

---

❶ 杭州市公共资源交易中心富阳分中心.杭州富阳：聚焦产品溯源 强化商家管理［EB/OL］.（2024 - 02 - 19）［2024 - 11 - 11］. https：//www. sohu. com/a/758699792_99897000.

❷ 中共杭州市拱墅区委，杭州市拱墅区人民政府.区情简介［EB/OL］.（2024 - 01 - 15）［2024 - 09 - 30］. http：//www. gongshu. gov. cn/art/2024/1/15/art_1229304_59078761. html.

❸ 杭州市市场监督管理局.杭州探索打造全国首个"放心消费"核心城区范例［EB/OL］.（2023 - 02 - 13）［2024 - 09 - 30］. https：//scjg. hangzhou. gov. cn/art/2023/2/13/art_1693481_58923951. html.

❹ 杭州市拱墅区文化和广电旅游体育局.省政府命名，拱墅入选省级示范！［EB/OL］.（2023 - 07 - 13）［2024 - 09 - 30］. https：//mp. weixin. qq. com/s?__biz = MjM5OTUyNzY0NA == &mid = 2655724747&idx = 1&sn = 6a8e2f5417c7cb81fe99283e74f97544&chksm = bc8591788bf2186e9c4c28d59f8e6e5f6b37a4535572423ba923f83c982 d883d78a06f4432b8&scene = 27.

每周一以手机短信方式发送食品安全科普知识，引导广大民众了解、支持食品安全工作。每期短信内容根据不同时节围绕一个主题，语句精练、涵盖食品安全、消费提醒等内容，实用性强，深受广大市民的好评。

2021 年 4 月，拱墅区扩大发送范围至乡镇（街道）、村（社区），增加发送次数。

（二）创意内容，短视频传播大理念

拱墅区针对重点人群和社会热点组织食品安全主题的短视频拍摄制作，提高了食品安全科普宣传的公众接受度。例如，将保健食品虚假宣传话题编排成通俗易懂的快板词、歌曲等，先后拍摄了《保健食品骗局你上当了吗?》《致生命中最重要的你》等短视频，帮助老年群体树立正确的保健食品消费观。在校园内邀请小朋友共同参与拍摄《童眼看食安》《童手绘食安》。紧贴基层社会热点议题，总结提炼案例中的特点与共性，拍摄《错位的金箔》等普法宣传片。此外，还拍摄了《放心餐饮》《阳光工厂》《许可监管试点》等一系列纪实片，打造食品安全宣传高阵地。

（三）创新形式，直播活动引来大流量

利用互联网便捷度高、互动性强的特点，拱墅区联合省级媒体、杭州市市场监督管理局等部门，将严谨的食品安全法律法规与轻松欢快的直播平台相结合，通过视频号、抖音号等宣传新阵地开展了一系列食品安全直播活动。例如，在"3·15"期间开展的"科学理性消费保健食品"直播活动；面向辖区某大型连锁商场从业人员的"政企共治'维'讲堂"主题直播活动，吸引观众在线观看直播。此处还有杭州市拱墅区市场监督管理局组织的食品安全示范城市创建线上有奖知识竞赛等活动。

（四）载体多样，公域传播产生大影响

拱墅区充分利用各种传播媒体强化食品安全宣传普及。利用围墙、工地围栏

等绘制大型、长距的特色墙绘，成为一道看得见的食品安全宣传"风景线"。将食品安全示范城市创建的海报广告投放至打铁关、西湖文化广场等多个人流量大的地铁换乘站点；在大型商场的电子显示大屏幕上滚动播放食品安全创建的创意海报和视频。拱墅区的辖区内各小区电梯广告屏与大型广告媒介遥相呼应，滚动播放食品安全示范城市创建的文字快闪视频，取得了"霸屏"效果。借力部门和街道官方公众号、视频号搭建宣传矩阵，宣传创建和食品安全知识，进而提升食品安全宣传的社会影响力。

四、西湖景区：比武促提升，竞赛强素质

近年来，西湖景区坚持作好大安全风险防范、经济发展、和美乡村建设，统筹推进"五篇文章"，为全区高质量发展注入强大动能。

西湖景区结合辖区实际，发挥其指导作用，针对辖区食品安全协管员知识储备水平和管理积极性不足等短板，以"比武促提升　竞赛强素质"为主题，不断提升基层食品安全协管员监管能力水平。

（一）开展业务培训，提高队伍能力

1. 深入调查

西湖景区各单位食品安全协管员配备情况各异，人员整体素质及业务能力差异较大，西湖景区食药安办通过调研走访，掌握辖区内基层人员配备和日常食品安全协管工作开展情况，并对食品安全协管员理论和实践能力开展调研，了解基层食品安全协管现状。

2. 全面培训

西湖景区食药安办坚持问题导向，向各单位发放法律法规学习资料，并专门编写有关西湖景区食品安全协管员工作的指导手册，确保业务培训的规范性和针对性，对食品生产环节、流通销售环节、餐饮环节等不同领域的检查要点进行详

细解读，进一步规范食品安全协管员的协管工作标准、明确工作职责，提升基层协管员队伍业务能力水平。

（二）开展技能比武，检验能力水平

1. 线下比武

2021年以来，西湖景区食药安办坚持举办线下"基层食品安全协管员技能大比武活动"，分为初赛和决赛两个阶段，初赛选手均为来自西湖景区内的食品安全协管员；决赛阶段以必答题、抢答题和风险题三种形式展开。

2. 线上竞赛

2022年以来，西湖景区食药安办专门开发了考核答题小程序，将技能比武由线下改为线上答题竞赛的形式，每名参考人员实名认证后参与答题，统一题型及范围，考题随机生成，增强了考核的趣味性和挑战性。

（三）强化结果运用，建立激励机制

1. 表彰激励

西湖景区食药安办在技能比武活动中邀请西湖景区食药安委分管领导现场观摩技能比武并给获奖人员颁奖，通过表彰激发基层食品安全协管员参赛热情，充分调动基层食品安全协管员学习积极性，强化基础理论知识，有效提高了个人综合能力素质。

2. 考评督促

西湖景区食药安办以年度综合考评为重要抓手，把食品安全协管员技能培训考核成绩作为一项重要指标，综合各单位日常巡查、隐患上报和食品安全宣传等情况对积极开展食品安全工作的单位和个人进行考核加分和先进表彰，充分调动基层食品安全协管员的工作积极性。

第九章

杭州市各乡镇（街道）食品安全治理
现代化探索与实践

一、拱墅区文晖街道："三道工序"打造五星级
食品安全工地共富样本

文晖街道位于杭州市拱墅区东南部，辖区内有各类建筑工地，呈现出建筑工地多、工地人员流动多、监管执法难的"二多一难"问题。为进一步夯实食品安全"防护墙"，文晖街道以打造具有文晖特色的"大运河畔食品安全示范样本"目标，以拱墅区创建浙江省食品安全示范区、街道建设五星级食安办为契机，依托"大综合一体化"改革和数字化手段，加大监管力度，丰富宣传手段，通过"三道工序"打造五星级食品安全工地，为乐享共富生活创建示范样本。

（一）立足"四级宣教"工序，强化工地食品安全意识

1. 完善责任体系

突出行业引领作用，落实专人负责建筑工地食品安全，发动街道专职人员、社区专管员、网格员、工地食品安全专管员组建工地食品安全红色联队，进一步

121

健全街道、社区、网格、工地四级食品安全防护体系，街道食安办定期召开建筑工地食品安全专题会议，听取食品安全工作开展落实情况，通报食品安全问题，进一步打通建筑工地食品安全管理的"最后一公里"。

2. 强化宣传，提高食品安全意识

通过广泛宣传、"分层次"靶向普及、"多形式"传播推广等方式，全面构建街道食品安全立体式、全媒体宣传矩阵。街道组织了多次线下培训、自查找问题、互看互学互查等活动，提升工地食品安全工作能力，开展"工友食安"主体宣传活动，依托工地食堂电视屏幕、台风天集中转移避灾场所等媒介和载体，强调文明卫生就餐，提高工人食品安全防范意识。

3. 事故演练，提升应急能力

进一步落实食品安全事故应急救援工作要求，提高应对突发食品安全事件的组织指挥、协调配合、快速反应、应急调查、高效处置能力。通过全流程模拟形式，街道多次组织各建筑工地开展食品安全突发事件应急演练，街道食安办迅速联合市场监督管理所、社区卫生中心等，开展食品安全突发事件应急处置。

（二）抓牢"专项监管"工序，优化工地食品安全环境

1. "大综合一体化"执法监管

文晖街道坚持"大综合一体化"综合行政执法改革"综合查一次"原则，坚持立体联动、协同作战、全科执法。文晖街道统筹组织专项行动，发动街道食安办、市场监督管理所等执法力量，开展多次"守底线、查隐患、保安全"等工地食品安全专项行动，全方位巡查督查辖区建筑工地食堂多家，重点检查食品经营许可证、从业人员健康证、晨检记录、现场卫生、设备设施运行、餐用具清洗消毒、食品原材料索证索票、食品留样、食品安全培训记录等，督促建筑工地食堂规范安全经营。

2. "五星"食品安全分类监管

文晖街道秉承"前端监管、刚柔并济、闭环整改、分类监管"的执法理念，按照"综合执法"和"专业执法"相融合的模式，结合建筑工地垃圾分类、排

水排污等情况，将建筑工地食堂按照五星管理模式进行监管，其中星级越高，工地食堂管理更规范。

3. 实物样品靠前监管

文晖街道发挥网格微治理作用，守好工地食堂进口关，通过食品安全专管员对工地食堂抽样检测，就近联系辖区内食品快速检测室，全时服务、免费开放、现场检测，确保工地食堂经营中原料购进验收、食品加工制作、食品留样保存等一系列环节可追溯、可预警、有保障。

（三）创新"数智赋能"工序，深化工地食品安全治理

1. 注重数字治理

文晖街道升级街道"文小慧"智慧治理平台、"小脑＋手脚"联合指挥中心，"线上＋线下"双管齐下，发挥街道数字驾驶舱功能，形成建筑工地精准画像，实现"一屏显示、一码追溯、一网通办、一舱统管"。此外，文晖街道还充分利用"文小慧"智慧治理平台，精准发起工地巡查、问题排查、隐患消除，确保对食品安全违法行为的防范打击和动态监管。

2. 注重"阳光"治理

文晖街道以"阳光厨房"为载体，引导辖区工地食堂经营主体落实"互联网＋阳光厨房"建设，完成辖区在建工地"阳光厨房"覆盖，全部接入街道数字驾驶舱功能，压实工地食堂经营者主体责任，实现食品安全线上监督、监管、追溯，切实提高监管效率，保障舌尖上的安全。

3. 注重网格治理

文晖街道坚持"四个平台一张网"，提升网格化管理水平，制订食品安全专管员、网格员、社会监督员等工作制度，明确职责，变基层"末梢"为治理"前哨"，切实将食品安全的隐患消除在萌芽状态。强化网格微治理作用，实行"一次提醒、二次约谈、三次抄告""123"工作法，积极发动属地社区、食品安全网格员、专管员和社会监督员对建筑工地食堂进行全面巡查，做到"三个有"（检查有标准、问题有记录、整改有闭环）。

二、拱墅区半山街道：探索"数治餐饮"保障舌尖安全

半山街道位于杭州市东北部，是大城北核心区域，素有"杭城北大门"之称。辖区以境内半山得名，街道下辖 14 个社区（含桃源社区筹备组）、4 个经合社、1 个商务社区。❶

截至 2022 年 10 月，半山街道实施老集镇区块内半山路沿线提升改造和 12 个老旧小区 65.4 万方综合提升改造项目，使近万户居民享受舒适美丽安全的小区环境。❷ 然而，辖区内餐饮食品安全保障的压力仍然较大。半山街道通过重塑治理体系、理顺管理模式、营造服务氛围等重点方面进行积极探索，推动融合型大社区大单元党建有效推动，平安基石更加稳固。成功迭代升级的"望宸·智汇"指挥平台 2.0，整合了"数治交通""数治云梯""数治食安""数治消安""数治防疫""数治森防"等六大特色应用场景，构建了半山街道特色"整体智治"新体系。

（一）锚定目标，狠抓试点创示范

针对辖区小餐饮食品安全突出问题，半山街道以夏意社区的小餐饮场所规范化创建示范街为抓手，以点带面深入推进辖区全覆盖。积极打造夏意社区小餐饮示范一条街，全面探索"六个一"工作机制：①制定一个工作方案，出台《半山街道小餐饮场所规范化创建专项行动实施方案》，整合相关单位的职能，形成监管合力；②出台一套规范标准，融合食品安全、消防安全、环境秩序三大板块内容，形成小餐饮场所规范化创建工作标准；③建立小餐饮商户微信群，组织开

---

❶ 中共杭州市拱墅区委，杭州市拱墅区人民政府. 半山街道简介 [EB/OL].（2024 - 04 - 11）[2024 - 09 - 30]. http：//www. gongshu. gov. cn/art/2024/4/11/art_1229313_59080093. html.

❷ 半山发布. 半山：十年蝶变再出发，开创宜居宜业宜游共富半山新局面 [EB/OL].（2022 - 10 - 08）[2024 - 09 - 30]. https：//mp. weixin. qq. com/s?__biz = MzA3NDE1NjA4Ng = = &mid = 2665870462&idx = 1&sn = 7fbfed5d8fb3933a32af50de6711ee28&chksm = 84154527b362cc31e35ff6b0479b3e9dbd72b155e5de36d83d3c4e6a1c186091ffcc978ba6e7&scene = 27.

展线上、线下培训，通报日常巡查整改要求；④探索星级评价体系，在分级评定监管体系上进一步深化了大安全的要求；⑤完善长效管理机制，为每个专管员、网格员开通了基层治理"四平台"（综治工作、市场监管、综合执法、便民服务）账户，规定社区专管员、网格员每月填写巡查记录；⑥打造一个数字赋能体系，整合"阳光厨房"、"油烟精灵"、燃气警报等项目，数据实时接入街道"数据驾驶舱"平台，实现在线监管。该工作机制有效推动环境、形象"两提升"，消防、食品安全"两确保"，全力争创半山街道小餐饮场所规范化创建示范街道。

（二）统筹协调，数治餐饮全覆盖

为了把小餐饮整治工作落实到位，做好统筹协调工作，半山街道成立小餐饮场所规范化创建示范街道领导小组，组建工作专班，形成联动机制，确保人员到位。半山街道结合工作实际，由市场监督管理所等共同参与整治工作，确保执法到位。针对数字赋能应用场景深化、宣传制作等费用，由街道财政全力保障，确保资金到位。半山街道对辖内多家小餐饮商户前端加载后厨视频识别系统、油烟精灵在线检测设备、智汇烟感报警器等系统，对小餐饮商户进行数字化后台巡逻，构建起完善的消防安全、食品安全、环境安全秩序标准，首个实现沿街小餐饮"阳光厨房"全覆盖。

（三）完善机制，强化联动重长效

半山街道以"机动整治、长效监管"为原则，完善街道小餐饮长效管理机制，相关科室轮流牵头负责，每月开展一次定期检查，每季度开展一次不定期检查，以"定期＋机动"形成长期震慑。同时，建立线上监管、线下处置、广泛通报相结合的模式，街道平安办线上实时监管，发现问题第一时间派单处置，市场监督管理等部门立即派人现场处置，即查即改，同步多渠道公开通报发现问题，形成全过程闭环处置。

三、拱墅区康桥街道："2+1" 模式提升公众满意度

康桥街道地处杭州市拱墅区最北部，是杭州市"北建"大城北核心示范区，也是运河新城和大运河文化带建设核心区。康桥街道下辖 12 个社区、10 个经济合作社。❶ 康桥街道辖区有多家中小型餐饮、食品店。2021 年以来，康桥街道探索出"源头治理、基层协管"和"食安宣传基地"的"2+1"模式，拧紧从生产加工到流通消费全过程的"安全阀"，全力守护"舌尖上的安全"。

（一）摸清底数，分层分类落实责任

1. 定期更新 "餐饮数据"

康桥街道各社区每月排摸更新一次辖区餐饮、超市、水果等"入口食物"店铺的数据，并联合市场监督管理部门，对新加入的餐饮从业者，在申领执照前即进行食品安全专业培训并签署承诺书，履行企业的主体责任和社会责任，从根本上筑牢群众满意度的基石。

2. 维护维系 "居民数据"

康桥街道针对辖区回迁安置房占多数的现状，排摸并完成有关数据，针对不同群体进行不同类别的食品安全宣传，例如对回迁农民进行有关自制食品的安全教育，对租客进行有关外卖、食品采购的安全教育，对青少年进行有关校门口零食售卖的安全教育等。

3. 专项排摸 "特有数据"

康桥街道重点关注老年过渡房食堂，通过每周一次上门抽检、每月一次上门宣讲、每季一次食品安全活动，让过渡在外的老年人"变身"为食品安全的监督员，同时对学校、酒店、宗教场所等食堂进行定人定责检查，提升老年人等重

---

❶ 中共杭州市拱墅区委，杭州市拱墅区人民政府．康桥街道简介［EB/OL］．（2024 – 04 – 22）［2024 – 09 – 30］．http：//www.gongshu.gov.cn/art/2024/4/22/art_1229313_59080212.html.

点人群食品安全保障水平和群众获得感。

（二）完善机制，强化基层协管工作

1. 新建食品安全专管员队伍

从各社区抽调经验足、能力强、学历高的专职社工，新建街道食品安全专管员队伍。建立《康桥街道食安专管员考核制度》，将社区食品安全满意度作为其中一票否决项。同时，邀请市场监督管理部门的执法人员、食品安全专家对食品索证索票、伪劣甄别、追溯链条等全过程管理进行专题授课。

2. 通过专管员以点带面宣教

康桥街道将街道辖区划分为多个片区，每位食品安全专管员认领一个片区，同时帮带该片区内的小区物业、楼道长、党员代表等群体，通过志愿者队伍发动更多群众知晓了解食品安全知识，例如在食品安全进校园活动中，街道通过各小区楼道长发动家长、学生多人参与微信问卷星调查。

3. 开展食品安全宣传一期一策

康桥街道针对每年 2 次的满意度调查，提前谋划每一期主题，例如每年 6 月结合端午节，开展粽子等节日食品知识宣讲，并通过食品安全专管员上门发放资料、微信公众号转发、有奖知识问答等方式，让群众从"要我学"转变为"我要学"。

（三）创建阵地，创新科普宣传方式

1. 创建科普阵地

由康桥街道牵头，联合市运河集团建设管理有限公司建设"家门口"的食品安全科普阵地，运用"声、光、电、3D 多媒体"等大量高科技手段让参观者身临其境学习食品安全知识，开展活动多次。

2. 共建共学宣传

康桥街道在科普站设置专题展区，邀请运河邻里农贸市场部分食品摊位共建，并邀请学校、企业组织人员进行参观，通过宣传阵地推广食品安全知识，对各学生代表进行食品安全"第一堂课"的宣讲，通过学生带动家长等大范围群体的食品安全满意度。

3. 数字化改革试点

康桥街道将隐患排查、上门服务、宣传演出等食品安全活动进行掌上"一键操作"，民众可在各社区微信公众号预约报名活动，或通过社区平台知晓专管员排查情况，或通过"阳光厨房"观看外卖订单制作全过程，让民众更加方便地知晓、参与和监督身边的食品安全工作。

四、西湖区翠苑街道：深化改革，赋能食品安全治理

翠苑街道辖区内有多家餐饮服务及食品销售单位，其中包括学校（幼儿园）、大型商业综合体、老年食堂、大型超市、农贸市场、餐饮店、小食杂店，以及食品批发销售企业。

翠苑街道在西湖区属于楼宇多、居住集聚、企业多的乡镇（街道），情况较为复杂，特别在食品安全领域存在企业密度大、经营面积普遍较小、从业人员更换快等情况，监管难度较大。如何把食品安全真正落实落细？翠苑街道以数字化改革和"大综合一体化"改革为契机，认真做好"数字赋能，借势发力"大文章，通过数字化管理平台实时掌握辖区内食品安全基本状况，并固化网格划分、责任体系、监管举措、信息上报、整改闭环、绩效考评等工作流程，有效弥补了市场监督管理部门食品安全监管力量不足等问题，探索出了数字时代食品安全治理的"翠苑经验"。

（一）明确责任，健全体系强落实

1. 健全责任体系

翠苑街道食品安全监管实行"双主任制"，制定《翠苑街道食品安全委员会

成员及工作的职责》《翠苑街道党政领导干部食品安全责任制工作清单》等文件。在食品安全治理中，街道把每一级、每一个岗食品安全职责范围、责任和义务录入街道"数字驾驶舱"，形成电子化食品安全管理清单，定期抽查"各级、各单位、各人"食品安全责任落实情况。

2. 健全网格体系

翠苑街道借机完善食品安全基层责任网格化管理体系，"制度、组织架构、网格作战图"全程街道数字驾驶舱公示，"做什么、怎么做"清楚明了；配齐配强食品安全专职人员、第三方专管员、社区食品安全网格员以及社会监督员，覆盖基层多个食品安全监督管理网格。街道依托街道数字驾驶舱及"浙食安"App培训平台，提升网格员、第三方专管员的监管能力和水平，提高培训覆盖率。网格体系的健全使食品安全治理"人员分布、分工内容、完成情况"一目了然。

3. 健全"1358"响应体系

翠苑街道配备食品安全专用车辆1辆和多辆电动自行车。若有食品安全事故发生，驾驶舱立即报警，数字综合指挥中心发出指令，1分钟内响应、3分钟联动、5分钟到达、8分钟报送事件初步处置情况，简单问题就地化解、复杂事件交由街道和市场监督管理部门跟进处置。街道联合市场监督管理部门等多个相关单位开展应急演练，先后开展多次食品安全应急救援桌面推演和应急实战演练，收到良好效果。

（二）点面结合，综改一体严执法

翠苑街道作为浙江省第二批乡镇（街道）"大综合一体化"行政执法改革的试点单位，在体制机制完善、人员力量整合、统一指挥调度、执法长效实效等方面进行了探索和创新，构建"1指挥＋3队伍＋N网格"的规范化治理模式，食品安全监管作为"大综合一体化"改革的先行部队更是先行一步。

"1指挥"指一个指挥中心。翠苑街道依托"呼应为"一体化指挥中心建立1个中枢"大脑"，主要起到三个作用：一是开展食品安全日常检查和专项整治，由街道食安办提供食品安全标准，"大脑"派单到检查人员，并展专项检查，实行"检查—整改—闭环"全流程监控；二是通过打通"西湖码"、110 联动、12345 热线等多条数据，结合街道食品安全检查上报问题，形成街道巡查、检查和执法事件食品安全专仓，专仓"大脑"平台收到食品安全相关事件后，立即派单给执法人员，依据法律法规进行处置；三是"大脑"对社区、检查人员、执法人员的检查效能、事件处置情况"接单、派单、处置"进行综合分析研判，为绩效考核提供依据。

"3 队伍"指"综合巡一次""综合罚一次""综合访一次"队伍。"综合巡一次"队员根据指挥中心指令，做好食品安全日常巡查和应急处置，涉及食品原材料生熟不分、人员健康过期、消毒保洁不落实、后厨卫生脏乱差、食品着地存放等食品安全一般隐患当场解决处置，对无证无照、标识标签不清、过期、食品添加剂使用管理不规范、超范围经营等复杂问题通过平台分流到市场监管所跟进处置。"综合巡一次"队员使用一体化指挥掌端完成巡查任务，建立"巡前—巡中—巡后"的全流程数字化手段，巡查前通过一体化指挥掌端进行人员清点、打卡上线等清点操作，巡查中通过扫码进行巡查事项检查和食品安全隐患信息上报，巡查后队员按照"大脑"平台的指令对食品安全问题进行跟踪整改。同时，街道还为"综合巡一次"队员配备设备，指挥中心通过大屏端可一键发起视频会商，高效提升指挥中心各项指令的下达和处置效率。"综合罚一次"队伍由街道各执法部门队员组成，负责辖区食品安全行政执法工作。一体化指挥中心对食品安全事件的性质进行"分析—派单—闭环"，对于屡教不改、存在较大食品安全问题需要现场行政执法的单位（个人），"点对点"发整改指令书给企业单位负责人，同时派单给"综合罚一次"队伍开展联合执法，依据食品安全相关法律法规进行处置。对于整改完毕的单位，系统给予销号闭环。"综合访一次"队伍由街道基层矛值调节队员组成，主要处理食品安全纠纷及投诉举报事件，指全力快速处置食品安全纠纷。

"N 网格"指街道多个协同力量，由街道各网格的网格长、网格指导员、专兼职网格员及各微网格力量的楼道长组成。根据食品安全事件的发生量、事件的闭环率等建立社区及网格评比模型，通过月度、季度、年度等维度的评比定期对社区及网格进行比对，对食品安全事件产单量较高的网格分配更多人力予以减轻基层负担，对食品安全事件闭环率较低的社区网格予以批评促进整改落实，为街道"大综合一体化"执法的体制机制健全提供科学依据。

（三）数字赋能，防消结合重长效

1. 数字宣传强意识

翠苑街道在做好线下培训宣传的同时，运用"综合查一次"平台，每星期定点、定向对食品安全重点单位、企业法人、食品安全管理人员发送"食品安全法""餐饮服务食品安全操作规范"等相关法律法规要求，告知企业负责人、管理员，压实企业主体责任。针对中小餐饮店、"阳光厨房"、小杂食店等重点场所，街道组织开展线上重点宣传，通过数字化工作平台、微信群、QQ群等载体下发食品安全宣传信息、"致市民的一封信"、"致经营户的一封信"，提升全民食品安全意识和处置能力。

2. 数字监管强保障

翠苑街道通过全面梳理排查，把所有涉及食品类的企业输入数字驾驶舱，实行动态监管。把"智慧餐饮信息平台"融入"数智赋能"的翠苑街道"大综合一体化"数字化驾驶舱，通过24小时不间断实时后台监测，配合"西湖码"云端隐患上报系统，进一步用数字化手段保障食品安全，将食品安全风险智控工作落到实处。

3. 数字闭环强实效

翠苑街道通过"大综合巡一次"平台，将检查中发现的问题全部发送到企业负责人，通过图片、整改情况报告等形式，点对点通过平台传送，确认是否整改。对不予整改或整改不力的单位，"大综合罚一次"队伍上门予以行政处罚，确保闭环；同时将巡查队伍、社区食品安全网格员检查食品安全的"量和质"一并通过数据分析，作为其绩效与考核依据。

五、余杭区黄湖镇：做好"三个强化"

黄湖镇地处杭州市余杭区西北部，自2020年黄湖镇启动"未来乡村实验区"

改革以来，各地游客纷至沓来，村民们也纷纷开始利用闲置房屋开发民宿、农家乐等服务业。❶

由于农家乐分布较散、位置相对偏僻、淡旺季明显，且经营者多为本地村民，食品加工的硬件设施和操作习惯不够正规，因此农家乐食品安全的监督检查工作显得尤为重要。为保障食品安全，黄湖镇以"三个强化"保障食品安全，守护人民群众"盘中餐"。

（一）强化教育培训

为提高黄湖镇民宿、农家乐从业主体自身食品安全责任意识，黄湖镇牵手杭州万向职业技术学院，利用高校专业师资力量，对多名乡村民宿管家开展有关乡村绿色经济发展高级研修班培训。通过专题授课、案例教学、现场观摩、交流互动等形式，不断增强从业人员优质服务与食品安全的意识。同时，黄湖镇食安办在农家乐聚集区块设立食品安全宣传区，通过科普视频、宣传手册等方式，使食品安全相关知识"入眼、入脑、入心"。此外，定期组织农家乐经营者学习《食品安全法》《餐饮服务食品安全操作规范》等，不断增强经营者主体责任意识、守法意识。

（二）强化智慧监督

除黄湖镇食安办专职人员等日常监督检查外，黄湖镇还积极探索全新的公众监管机制。自2015年起，黄湖镇启动了一系列有助于构建环境友好型村落的相关项目。❷ 其中"自然好邻居"计划主要面向民宿、农家乐经营者发起，加入该计划的经营者要承诺在经营期间主动做好食品安全相关工作，并接受监督打分、结果晾晒。每季度召集市场监督管理部门、村民代表、公益组织代表等组成检查队，对"自然好邻居"计划的民宿、农家乐进行实地检查并打分，多方协同共

---

❶ 佚名. 余杭黄湖：深化"未来乡村实验区"改革［EB/OL］.（2022－07－29）［2024－09－30］. http://www.yuhang.gov.cn/art/2022/7/29/art_1229666296_59020997.html.

❷ 陈坚，姚玲玲. 聚焦自然教育 共建生态社区［EB/OL］.（2022－11－10）［2024－09－30］. http://www.yuhang.gov.cn/art/2022/11/10/art_1532133_59029067.html.

同助力黄湖镇农家乐食品安全监管质效。此外，黄湖镇依托"未来青山"小程序推出"安心码"，消费者们可提前查看意向入住的民宿、农家乐的经营资质、从业人员健康证、食品安全打分情况等信息，最大程度上保障消费者行使知情权和监督权。

（三）强化结果运用

随着加入"自然好邻居"体系的从业者越来越多，为了更好地发挥民宿、农家乐经营者的主观能动性，黄湖镇建立了相应的评价激励机制，将"自然好邻居"评分与访客导入、培训提升相结合。每季度"自然好邻居"评议分数的高低，决定了该季度访客导入的先后顺序，同时，黄湖镇在发布相关产业扶持政策时，优先考虑评分较高的民宿、农家乐经营者，不断营造"干得好的上、干得差的下"的食品安全工作氛围。

黄湖镇将以民宿、农家乐食品安全为重点，确保每一位访客都能在黄湖镇"食"健康、"享"生活，为农村旅游业的健康可持续发展、黄湖镇打造未来乡村示范区奠定坚实基础。

六、余杭区中泰街道：念好茶"经"、
提高茶"品"、实现茶"富"

中泰街道是杭州优质茶产区，辖区共有茶叶 16000 多亩，核心"未来茶乡"产区由双联、枫岭、泰峰三个村组成，主要品种包括泰种植茶树以乌牛早茶、白茶、鸠坑种等为主。❶ 中泰街道通过前期组织茶叶质量普查，发现街道内的茶叶生产普遍存在小户散营、产业链短、盲目打药等制约短板，特别是茶叶农药残留问题涉及的食品安全风险隐患治理问题。中泰街道通过念好茶"经"，提高茶

---

❶ 韩静娴，施华平．中泰给未来茶乡"加邮""黄金叶"藏着乡村"致富经"［EB/OL］．(2023－03－24)［2024－09－30］．https：//hzdaily.hangzhou.com.cn/hzrb/2023/03/24/article_detail_1_20230324A063.html.

"品"，从而实现茶"富"。

（一）把好茶"品"源头关

食品安全，首先是"产"出来的。中泰街道设立 2000 万元专项扶持资金❶，成立中泰街道茶树病虫害统防统治工作领导小组，通过全面推进茶园统防统治，出台《中泰茶产业发展十条扶持政策》，开展全域无人机农林植物保护作业，全面禁止高毒农药使用，有效降低化学农药使用量等一系列工作措施，使得茶叶农药残留超标现象大为改善，茶叶品质基本满足绿色食品标准，相关食品安全隐患从源头上得到有效控制。对于浙江省市场监督管理局召开的 2022 上半年度全省食品安全抽检检测风险预警交流会发布的茶叶除草剂风险隐患，中泰街道加大对茶农合理规范用药的宣传，寻求环境友好型除草剂替代品，指导茶农加强农资物品把控。中泰街道还通过委托第三方，对街道茶园地点、面积、品种，以及属地村（社区）进行普查，掌握基础数据，提高统防统治精准度、靶向性，并通过绘制全域茶园平面图，为建立数字农业平台提供依据，为数字化、现代化治理设奠定基础。

（二）把好茶"品"流通关

中泰街道创新绿色茶叶销售卡模式。例如，街道茶农在封园前采样送检，对满足要求的经营户赋予绿色销售卡，凭该卡，经营户可享受市场优先红利，有助于经营户提升销售价格，将茶叶卖出更好的价格，借此帮助茶农提升茶叶品质。同时街道不定期对市场上产自中泰街道的茶叶进行抽检，对持绿色茶叶销售卡的茶农采取"回头看"工作。街道帮助茶农加强茶叶毛茶、成品茶的重金属迁移把控，引导茶农使用符合标准的农用物资，选择符合要求的毛茶采摘期间暂存容器、把关茶叶加工中器具及包容材料的材质，加强生产企业防尘、防污染，淘汰落后加工设备，改进加工工艺等。

---

❶ 韩静娴，施华平. 中泰给未来茶乡"加邮""黄金叶"藏着乡村"致富经"［EB/OL］.（2023-03-24）［2024-09-30］. https：//hzdaily. hangzhou. com. cn/hzrb/2023/03/24/article_detail_1_20230324A063. html.

（三）把好茶"品"消费关

中泰街道在规范民宿、农家乐管理的基础上，依托茶产业和美丽乡村建设成果，在枫岭村规划了"一核两宿三坊 N 庭院"布局，积极探索试点农业＋文化＋旅游（以下简称"农文旅"）项目"茶家乐"，建立"茶家乐"准入机制，精选考核，从庭院环境、安全设施、专职人员、食品安全等多方面衡量，统一指导，为"茶家乐"更规范、更温馨、更安全提供标准。街道完善"茶家乐"等级划分、管理措施、考核奖励等，对"茶家乐"业主进行统一培训和管理，规范人员操作；以"枫岭茶谷"为核心，开启"未来茶乡·最美厨娘"培训计划，联动泰峰村、双联村等周边乡村中具有丰富宴席制作经验和厨艺高超的村民，加入"民间厨师"行列，通过多元化培训提升"民间厨师"的厨艺技能与食品安全意识，培养更多乡村"农文旅"发展的技术型人才，进一步增强中泰街道"未来茶乡"品牌影响力，带动周边地区实现乡村振兴，走向共同富裕。例如，枫岭村推出符合标准的五星级庭院，打造枫岭村"茶家乐 1.0 版"。街道在推出小茶驿站、匠人茶坊、茶香豆腐坊等文化旅游新节点的同时，将继续联合做好市场监管，个性化指导，把好消费关。

（四）把好茶"品"共治关

中泰街道以优质、安全的茶叶为流量，以特色"茶家乐""茶家宴"为契机，以多元化文化旅游氛围为推广点，将特色书法融入食品安全，多方位撬动乡村振兴、构架共同富裕全新支点。

一是打造宣传载体，建强宣传阵地。中泰街道依托在枫岭村游客服务中心设立食品安全科普宣传站点，通过宣传橱窗、展板，采购虚拟现实（VR）食品安全体验设备，运用食品安全游戏大闯关等有趣的参与形式，让路过居民纷纷驻足参观，并加入其中。

二是探索理论宣讲的新路径、新形式，打造"泰·精彩"基层理论宣讲 IP，用通俗易懂的语言、方便快捷的渠道，深入百姓，面对面开展食品安全知识宣讲。

三是发挥省级书法村的优势，将特色书法融入食品安全宣传工作，丰富食品安全宣传文化内涵。中泰街道枫岭村是浙江省省级书法村，该村利用书法作品，将"保食品安全，安群众之心"通过形式多样的活动，宣传食品安全。

七、临平区南苑街道：数智·绿道·街区，建设食品安全治理新载体

南苑街道成立于 2001 年 8 月 20 日，是临平区建制最早的街道之一❶，辖区内有多家食品生产经营单位，包括食品流通单位、餐饮服务单位、食堂、农贸市场。南苑街道以"产业兴街、品质立街、绿色亮街、管理立街、党建强街"为发展目标，持续加强辖区食品安全管理工作，提升街道食品安全治理能力。

（一）搭建数智平台，全面强化基层治理

结合辖区食品安全监管实际，南苑街道投入专项资金，大力实施第三方"智慧＋协管"项目，启动数字驾驶舱建设。围绕餐饮、农村家宴等重点领域，运用智慧化监管模式，落实"红黄蓝"三色预警机制，同时结合食品安全包保责任制度和食品安全专管员、网格员、协管员等三员机制，落实信息上图比拼晾晒，搭建全方位数智平台。同时，不定期加大检查频次、落实闭环管理，做到平台后台一键显示的同时，民众也可通过扫餐饮健康码实时查看，切实实现风险可视化、监管可控化，提升街道食品安全基层治理能力与管理水平。

（二）建设"百米"绿道，大力提质扩面宣传

南苑街道坚持将宣传工作贯穿于食品安全监管全过程，着力营造人人关注食品安全、人人重视食品安全的社会氛围。南苑街道选择新安社区北港河沿岸绿化

---

❶ 浙江政务服务网．欢迎来到南苑街道［EB/OL］．［2024 - 11 - 14］．https：//www.zjzwfw. gov.cn/zjservice/street/list/streetinfo.do?adcode＝330113002000&webid＝0&name＝% E5% 8D% 97% E8% 8B% 91% E8% A1% 97% E9% 81% 93.

空地，围绕周边浙江开放大学临平学院、杭州市临平区临平幼儿园两所学校，多个住宅小区，投入专项资金，建设主题为"食安南苑　你我共建"的食安宣传绿道。该项目共设体验型、科普型、景观型等宣传点位，涵盖食品安全科普小知识、互动巴士、拍照打卡等方面，做到寓教于乐、融汇于景，使整条食品安全绿道不局限于口号式的宣传，而是通过居民群众日常散步、分享合影、亲子互动等方式，引导广大居民群众共同守护辖区食品安全。

南苑街道专门制作食品安全小程序，居民可以拿出手机，通过扫码答题、每日登录等赢取积分，达到兑换标准即可联系街道领取围裙、环保袋、便当盒等多种奖品。围绕食品安全工作，街道不定期举办彩绘活动、亲子互动等各种活动，进一步增加居民的参与度和认同感。

（三）构建阳光街区，有效规范市场秩序

为进一步提升食品安全监管水平，全面提升餐饮业食品质量安全水平，南苑街道联合区杭州市临平区市场监督管理局高标准开展理想银泰城商场四楼"阳光餐饮"示范街区创建工作，建成临平区首个"管理全方位、后厨全阳光、要素全集成、数据全应用、风险全闭环、信息全公示"的"阳光餐饮"示范街区，商场 31 家餐饮店的营业执照、后厨实况、美食评分等基本情况一目了然，进一步守护人民群众舌尖上的安全。❶

该示范街区设置美食驿站互动大屏，集中展示"商街介绍""美食导航""食安在线""特色推荐""最新活动"五大模块，消费者可通过该互动大屏查询该街区食品安全信息。❷ 一是商户信息全公开。根据商户 12 个月内食品安全情况对每家商户量化分级进行动态等级评定，分为 A 级（优秀）、B 级（良好）、C 级（较差）三个等级。二是餐饮后厨全公开。将"阳光厨房"上线餐饮智慧监管平台，街区所有线上销售商户均接入饿了么、美团外卖等第三方外卖平台。消费者通过 App 实时查看后厨实景及食材清洗、加工、制作过程。三是定期公示市

---

❶❷　佚名. 指尖轻触掌握食品安全 临平南苑街道打造"阳光餐饮"示范街区［EB/OL］.（2022 – 11 – 01）［2024 – 09 – 30］. https：//baijiahao. baidu. com/s? id = 1748277492801518900&wfr = spider&for = pc.

场监管信息。在该示范街区设置阳光餐饮示范街区公示牌和健康码公示牌，对日常检查情况和食品安全宣传、消费维权信息进行公示。同时，在该示范街区设置食品安全消费维权服务站，公开食品安全包保干部、市场监管人员、食品安全"三员"信息，接受公众监督和举报，确保治理成效。四是定期开展食品安全巡查。建立食品安全巡查、考核奖励制度和统一公示制度，组织成立食品安全专管员、网格员、协管员等三支队伍，定期对其餐饮商户进行食品安全巡查，并公开巡查结果。

八、临平区东湖街道："四则运算"护航食品安全

东湖街道位于杭州市东北部❶，辖区内有多家食品经营单位，包括餐饮单位、商场、超市、小食杂店等，食品安全管理体量庞大。

东湖街道在征地拆迁、物业管理、环境保护、社会治安等领域的社会治理工作存在基础薄弱、力量不足等问题，食品安全领域治理工作也面临较严峻的形势。街道坚持以预防法治化为重点，结合新时代"枫桥经验"，扎实开展"抓源促治、强基固本"专项行动，发挥乡镇（街道）、村（社区）两级社会治理中心作用，聚焦源头治理，常态化开展联合监督检查，积极探索数字赋能食品安全应用场景，通过搭建"东·食安"数字驾驶舱，提升食品安全智慧监管效能。街道全面推广运用"餐饮企业健康码"，采取"日常监管无盲区、记分管理全覆盖、隐患整改全闭环、企业健康码全绿色"的治理方法，有效提升辖区食品安全管理水平。

（一）勤做加法，构建"三同三提"工作体系

1. 强化组织领导，夯实基础

东湖街道始终将食品安全工作作为日常重要工作，每年开展食品安全工作专

❶ 浙江政务服务网. 欢迎来到东湖街道［EB/OL］. ［2024-11-14］. https：//www. zjzwfw. gov. cn/zjservice/street/list/streetinfo. do?adcode=330113003000.

题调研，听取食品安全工作汇报，及时研究解决突出问题。加强宣传引导学习，发挥制度"指挥棒"作用，先后出台涵盖工作方案、考评办法、责任清单和监管办法等系列文件，让各项工作制度固化于制、外化于形、内化于心。

2. 构建融合体系，强化执行

东湖街道探索构建食品安全治理"三同三提"体系：目标同向聚合、提升工作动力；过程同频共振、提升工作质量；考核同题共答、提升工作实效。通过明确街道食品安全治理的工作内容，体现其创建优势、发展优势和竞争优势。

3. 加强监管力量，提升效能

东湖街道以"资源共享、责任共担、目标共建"为导向，选取资质好、技术精、专业强的第三方机构参与食品安全管理。同时，聘请专业企业成立食品安全专职服务队伍，实行分类分级上岗制，协助开展食品安全日常检查，从严从实落实食品安全要求，确保经营安全有序。

（二）善做减法，打造"三色码"管理模式

1. 智慧监管贴标签，摸清底数

东湖街道开发上线"互联网智慧＋"应用，为餐饮单位赋码，通过餐饮健康码开展大数据监管，全面推行"基本情况双轨制、一码辨识身份制、风险分级智能制、隐患排查常态制、记分运作制"五大机制，全面掌控餐饮单位风险和基本情况。

2. 色码管理亮身份，压实责任

东湖街道根据安全风险等级，为餐饮企业生成"红黄绿"三色健康码，以不同颜色反映食品生产经营单位的风险程度。通过赋码管理，监管人员第一时间核查辖区范围内餐饮企业"健康信息"，对"红码""黄码"企业开展重点监管，督促业主及时整改，压实业主责任，提高精密智控能力。

3. 动态监控抓重点，提升实效

东湖街道按照"三色码"合理安排检查频次，强化督促整改，减少"红码""黄码"单位数量，切实降低街道餐饮食品安全风险隐患。对"红码"企业、

"红码"社区开展重点检查和执法，建立食品安全问题清单，形成食品安全隐患排查台账，将"黄码""红码"餐饮企业列入日常巡查和"黑榜"曝光专项检查重点名单，实现家底清、风险明、覆盖全的整治目标。

（三）巧做乘法，提升精密智控能力

1. 强化队伍建设，构建"1＋N"队伍

东湖街道以打造全覆盖的监管网络体系为目标，不断更新和加强食品安全监管队伍，吸纳社会力量共同参与食品安全治理，形成政府主导，多方参与的监管体系。街道参与食品安全监管的还包括村（社区）网格员、第三方协管人员、社会监督员和专业的检测机构，打造全覆盖的监管网络体系。

2. 健全机制体制，保障工作落实

东湖街道实行食品安全月度报告、季度例会制度，确保监管工作有责任、有岗位、有人员、有手段。探索"智慧监管一'码'当先"智慧化、专业化相结合的思路，融合监管人员、网格人员、协管人员三支力量，全面推行"基本情况双轨制、一码辨识'身份'制、风险分级智能制、隐患排查常态制、记分运作制"五大机制。

3. 立足功能建设，强化数字赋能

东湖街道不断提升智慧管理系统赋能、"阳光厨房"升级赋能、餐饮"健康码"赋能的三大功能。"东·食安"数字驾驶舱以实际检查内容为基础，以辖区内餐饮服务单位（学校、养老机构和企业食堂）、食品流通企业（农贸市场）和食品生产小作坊（小微企业）等为监管对象，打造全覆盖的监管网络体系，提升商户食品安全管理能力和水平。

（四）严做除法，强化食品安全监管

1. 坚持问题导向，强化整改

东湖街道对异常的"健康码"颜色跟踪到底，实施闭环管理。推行记分管理办法，对证照管理、人员管理、环境卫生、原料控制等方面作出具体细化管

理，对隐患问题整改不到位或拒绝整改的餐饮单位实施记分，并上传至市场监督管理部门。对达到处罚标准的餐饮单位实施降级、列入黑榜和企业信用系统，给予停业整顿等严厉处罚。

2. 开展铁腕治理，加大惩处

东湖街道对食品安全违法行为采取"零容忍"的态度，常态化组织开展专项整治活动，加大对食品安全违法行为的惩治力度，让商户形成"不敢、不愿、不能"违法的敬畏意识。将排查出问题的经营户、拒绝整改的经营户移送上级监管部门查处。

3. 强化社会监督，营造氛围

东湖街道加大创建宣传力度，组织开展宣传进学校、进社区、进企业活动，利用各种节假日持续开展开放日、科普站、知识讲座等活动。第一时间做好投诉问题的处理和反馈，给公众满意的答复，鼓励更多社会力量有效参与到创建活动中。

九、富阳区东洲街道："六抓六优六促"夯实食品安全基层治理

东洲街道位于富阳区东部，有多家食品经营单位，包括餐饮服务单位、副食品店、食品及相关产品生产企业、农林水产合作社等。2022年以来，东湖街道以五星级食安办建设为契机，紧抓"大综合执法一体化"改革机遇，立足"六抓六优六促"积极探索实践食品安全治理新路径，全力保障"舌尖上的安全"。

（一）抓条块合力，优治理结构，促能力提升

东洲街道对于食品安全工作的开展明确管行业必须管食品安全、管业务必须管食品安全、管生产经营必须管食品安全，统筹条线，整合力量，构建了一个横向到边、纵向到底的工作格局。横向抓线，明确学校、民宿、酒店、工地、企

业、农家乐等各条线各负其责；纵向抓块，明确各村（社区）对辖区内食品安全工作负属地责任，划分网格，责任到肩，落实到人。

（二）抓风险管控，优闭环机制，促动态智治

东洲街道的村级网格员会同街道协管员排查多家餐饮单位，及时上报问题隐患，建立了隐患整治跟踪回访机制，有效提高处置率及回访率。街道对有问题的单位进行分类整改提升，同时将街道协管员排查的问题清单及时下发到各村，村级网格员将之纳入日常监管，建立隐患整治跟踪回访机制，对无有效证照的经营单位列为重点回访对象，实现动态监管，做好安全闭环。

（三）抓专项整治，优业态环境，促餐桌文明

东湖街道坚持组织实施联合执法行动，对辖区新型燃料使用餐饮单位进行专项整治。街道加强冷链食品、进口水果等专项排查整治；开展学校食堂及周边食品经营户春秋季检查，确保辖区各所学校的食品安全。此外，街道还联合杭州市富阳区市场监督管理局东洲市场监督管理所对有关景区的食品经营单位进行了专项检查。

（四）抓培训宣传，优主体意识，促食品安全共识

东湖街道在街道办公楼内打造食品安全宣传基地，营造良好的食品安全宣传氛围。街道每年均上报食品安全信息多篇，积极在微信公众号上发布餐饮单位红黑榜及有关食品信息报道。通过公开表扬先进，正向激励、反向鞭策相结合的手段，督促餐饮服务单位规范经营。街道对有关餐饮单位进行集体约谈培训并签订责任书，打造餐饮示范一条街，全力保障食品安全。同时街道对村级食品药品分管干部、协管员及网格员进行培训。

（五）抓载体建设，优标准规范，促民生改善

东湖街道以创建"家宴中心""阳光厨房""阳光工厂"为载体，切实提升

食品安全管理水平。对意向创建的家宴中心提前指导，参与设计。其中对"阳光工厂"的企业补助5000元/家，完成小作坊整治提升补助3000—5000元。

（六）抓样板创建，优特色品牌，促示范引领

东湖街道在黄公望村"未来乡村"的基础上打造省级放心消费示范村。黄公望村（白鹤区块）有多家餐饮单位、民宿。为提升餐饮档次、打响特色品牌、避免同质竞争，街道深入挖掘"富春山居图"实景地的文化肌理，扎实推进"黄公望餐饮示范一条街"建设。街道着力在"规范、统一、提升、特色"上下功夫：①全面推行"阳光厨房"，实现后厨可视化；②统一标识标牌，设计别具一格的"黄公望白鹤"标记，实现品牌一体化；③植入公望文化基因，提炼"公望家宴""公望私房菜"等特色菜品，实现菜品特色化。

十、临安区锦南街道："老马说食安"直播小平台架起大舞台

锦南街道地处临安区南侧，是天目医药港医药产业孵化园和颐养小镇的所在地，有多家食品生产企业和食品经营单位。

近年来，锦南街道以"党建+"工作机制，建立"红领锦南·食安e+"工作模式，开创"老马说食安"直播平台，创新食品安全科普宣传模式。

（一）依托"智慧社区"，创设"老马说食安"

随着民众对健康生活的向往，社区居民对食品安全的要求也越来越高，对健康食品也尤为重视。锦南街道食品安全工作存在治理力量相对分散、居民需求清单多样、民情反馈渠道单一等问题，如果单一依靠网格走访"敲百家门""走楼串巷"等传统方式，显得有些力不从心。

锦南街道发挥"智慧社区"基础优势，推进"党建+"工作机制，建立"红领锦南·食安e+"工作模式，率先推出"老马说食安"线上直播平台，即"老马说法"抖音直播"老马说食安"专栏。把直播点设在人气旺的党群服务中心，

主播马建明是一名有 30 多年党龄的共产党员，他是当地资深"民间厨师"，居民称呼他老马。老马每期直播都认真备好功课，对要直播的内容请示社区党组织把关，并由街道食安办审核，确保直播质量和正确导向。老马线上回答居民问题的话语非常幽默且接地气，从"线下问老马"变为直播说食品安全。

（二）注重互动沟通，提高科普平台黏性

"老马说食安"每周一次以不同主题的方式呈现，直播时间一般在 1.5 小时。该直播通过科普频道、健康频道等媒体以及食品安全相关的法律法规等渠道和"问、记、传"的方法学习，采用有趣的现场实验和通俗易懂风趣幽默的沟通，以及"一看、二闻、三触摸"的技巧来鉴定蔬菜瓜果的新鲜程度和食品的质量，为广大居民朋友传授"买菜"和采购食品小妙招。

"老马说食安"每期内容主要通过线下和线上收集问题、整理问题、准备资料、组织会审、发布直播等流程进行。每次直播的都是居民们关注较多的食品安全问题，不一样的重点让居民们感到有新鲜感，而且期待下期的内容。居民们也会在直播间主动提问，现场解决疑问。辖区一位居民说，有一个推销降血压保健品的人上门免费送"药"，已经领了两天了，第二天晚上就刷到了"老马说食安"在宣传保健食品五大非法宣传的"陷阱"，正是直播节目制止了她上当受骗。

"老马说食安"每期针对的群体也不同，主要以社区百姓为主，以中老年为主，青少年、学生为辅。线下通过设置收集箱、摆放展板、发放宣传品等方式向民众开展食品安全法律及科普知识。锦南街道还编排了"快板说食安"节目，成立宣传队，让食品安全工作有热度、有力度和有深度。

（三）做好"三强"，深化食品安全社会共治

"老马说食安"线上直播小平台架起大舞台，通过做好"三强"为食品安全工作持续注入新动力。

1. 线上食品安全强"创新"

锦南街道以"老马说食安"为基础，依托基层治理"e 智慧"联盟的成果，

搭建起网络服务平台。让居民们当起志愿者和网格员，及时传递食品安全社情民意，让居民们自主参与食品安全管理，拉近居民与管理者的距离。

2. "三色"管理强"分控"

锦南街道在食品销售环节，持续做好"三色管理"机制，"红榜示范、黄榜改进、黑榜鞭策"，形成"警示一批、教育一片、整改一方"的良好效果。

3. 高位推动强"赛马"

锦南街道通过"完善组织建设、构建工作机制、做实基础信息"，有效地将党建融入食品安全管理，在食品安全宣传、食品安全巡查等方面发挥带头作用。优化网格管理，加强培训，强化网格党建，以党员为骨干做强网格员队伍，壮大食品安全力量。

十一、建德市梅城镇："三全"打通食品安全保障"最后一公里"

梅城镇地处杭州市西部、建德市东部，全镇配套设施完善，基础功能齐全，区位优势明显，先后被评为国家千强镇、浙江省首批中心城镇、浙江省绿色小城镇、浙江省卫生城镇、浙江省社会治安先进镇、浙江省文明镇、浙江省教育强镇、东海文化明珠及浙江省历史文化名镇、浙江省森林城镇、浙江省园林城镇。❶

梅城镇辖区内有多家食品生产经营单位，包括食品生产企业、餐饮经营单位、食品流通单位。为进一步夯实属地食品安全监管基础，提升食品安全监管规范化、高效化和现代化，梅城镇积极推进"全覆盖网格监管、全方面长效监管、全天候智慧监管"的基层食品安全保障体系建设。

❶ 郑雪纯. 梅城镇成功创建浙江省 5A 级景区镇 ［EB/OL］. （2023 - 02 - 14）［2024 - 09 - 30］. https://www.jdnews.com.cn/jdpd/jdyw/content/2023 - 02/14/content_9508830.html；青春杭州. 给你一次傲娇的机会，杭州 16 镇入围全国重点镇名单！快看看有你家吗？［EB/OL］. （2016 - 09 - 23）［2024 - 09 - 30］. https://mp.weixin.qq.com/s?__biz = MzA3NzU5MjMxNw = = &mid = 2652674222&idx = 1&sn = b1c61d3c5ccf1284b16714030ebd57bf&chksm = 84a79b3cb3d0122a9dba0ba018718a5904535f193f137fd59f1b074ddbe372ebe001642d918d&scene = 27.

（一）强化队伍，全覆盖落实食品安全网格

1. 完善机制

梅城镇针对食品安全管理部分人员离岗、换岗情况，联动组织部门，及时掌握人员动态，进行实时调整补充，动态健全队伍。突出梅城镇食品安全堵点痛点，明确牵头领导、科室和人员，完善机制运行管理。以"请进来、走出去"等方式，通过讲学、自学和考学的方式，加强学习提升能力。

2. 强化队伍

梅城镇按照工作经历、学习经历和专业特长等维度从街道食安委组成部门中挑选人员组建食品安全管理队伍，配备 1 名专职工作人员和 3 名兼职人员合理搭配。梅城镇依据常住人口数要求组建食品安全专管员队伍，配备食品安全专管员、网格员。梅城镇举行知识讲座、知识竞赛和知识答卷，模拟检查和实操检查的方式，加强专业培训。梅城镇瞄准食品安全问题高发区，提升梅城农贸市场农产品快检室，加大向社会公众免费开放工作力度，多次开展"你点我检"活动。

（二）多措并举，全方面落实长效监管

1. 规范乡镇（街道）食品安全工作制度

梅城镇在充分调研讨论的基础上，结合实际修订和完善食品安全专题会议制度、食品安全信息报告制度、食品安全网格员专管员管理制度等多项制度，建立了基层食品安全工作的长效机制。

2. 明确专管员网格员工作职责

梅城镇制定专管员网格员年度工作计划，协助对"三小一摊"（食品小作坊、小餐馆店、小食杂店和食品摊贩）开展经常性巡查，组织开展进口冷链食品、外卖阳光厨房和卤味白酒小作坊非法添加等专项检查。专管员、网格员每月上报食品安全隐患信息，并通过期整改等方式均落实闭环处置。在每年"3·15"消费者权益保护日、全国食品安全宣传周等重点时段，在学校、超市和农贸市场等重点场所开展食品安全宣传。

3. 打造放心消费街区

梅城镇针对梅城古街食品安全问题频发、游客反映问题激增的现实情况，以放心消费示范街区创建为契机，探索辖区食品生产经营单位按照"红色报警、黄色预警、蓝色免检"进行"三色"管理，动态更新主体预警信息。食品安全专管员、网格员轮流入驻古街消费调解室，力争消费纠纷不出街。

（三）数字赋能，全天候实施食品智治

1. 归集食品安全主体全量数据

梅城镇通过交叉比对辖区食品生产经营单位工商注册信息、食品经营许可信息和社保税务信息等多方面数据，建立市场生产经营单位动态经营库。结合食品安全属地责任包保主体分层分级工作，开展实地排查，入户排查市场主体名称、地址、经营范围、证照信息等主体信息，确保食品生产经营单位100%入库。根据日常监管和排摸走访情况，梳理相应市场经营主体的被检查情况、经营关联企业、合法合规情况等基础信息和人员人数、实际负责人电话、人员培训情况等人员信息，确保相应主体经营画像准确。

2. 实施网格精细化管理

梅城镇按照食品安全专管员、网格员网格辖区划分绘制网格图，将生产经营库的主体信息和经营信息相对应，逐一划分至对应网格区域内。同时，通过新设主体线上联审和注销主体数据推送的方式，及时掌握网格内主体情况，以此实现动态调整划分辖区食品安全网格。贯穿"浙政钉"基层治理四个平台（综治工作、市场监管、综合执法、便民服务）和市场监管掌上执法平台，实现数据互通有无。

3. 建设数字化食品安全科普阵地

梅城镇以"建德豆腐包制作中从农田到餐桌的食品安全"为设计脉络，投入资金建成建德市首个集"科普展览、食安讲堂、交流互动"于一体的综合性食品安全科普馆。科普馆分科普教育区、图书阅读区、科学实验区三个区域，设置卡通展板、趣味游戏、发光二极管（LED）投影、实物展柜、食品安全快检及

工作人员讲解等形式开展食品安全科普活动。以严州豆腐包为切入口，增强活动的鲜活性、既视感，面向食品从业人员、创业人员和青少年举办"食安共富·严州豆腐包"科普宣传培训。

十二、西湖景区西湖街道：
实施"从茶园到茶杯"品质工程

西湖街道是西湖龙井茶的核心产区，下辖有多个产茶区，茶农近2700户6000人，占街道总人口的1/3，实有茶园面积8280亩，主要品种为群体种和龙井43号，其中群体种面积3666亩。目前，西湖街道辖区内茶企150多家。2023年，西湖龙井茶产量达490吨，茶业全产业链产值达19亿元，同比上升12%，其品牌价值达82.64亿元，连续五年蝉联全国茶叶区域公用品牌价值评估榜首。❶

近年来，随着茶产业的发展，茶叶的质量安全越来越成为西湖街道食品安全工作的重中之重。提高茶叶质量安全，不仅有助于街道大力发展龙头产业经济，守好茶乡百姓的金饭碗，而且保障了人民群众的舌尖安全。西湖街道坚持以生产、销售优质安全的茶叶为根本出发点，始终做到制度上引领、源头上把关、过程中监督、人才上提升，带动产业增效、茶农增收，倾力守护"一片叶子"，保障"从茶园到茶杯"全链条质量安全。

（一）规划先行，确立保护与发展制度体系

西湖街道为切实做好龙井茶核心产区的保护与品质工作，制定有关龙井茶核心产区保护和发展行动计划，明确了核心产区在西湖龙井茶保护发展方面具备的优势，同时也指出包含群体种保护意识、产业集约化程度、炒茶技艺传承、品牌保护建设、茶文旅融合等方面的"八大行动"规划，这成为实施龙井茶保护与

---

❶　王逸飞. 杭州今年将全面开展西湖龙井保护专项行动［EB/OL］.（2024-03-15）［2024-09-30］. https://baijiahao.baidu.com/s?id=1793573429651556254&wfr=spider&for=pc.

发展、提高龙井茶品质与质量安全的行动纲领。

（二）坚持溯源，源头把控龙井茶品质

西湖街道从种植源头就注重严格把控龙井茶的品质，从茶园土壤、投入品、环境、采摘到茶叶的加工生产环节都加强管理，做到生态茶园产出绿色健康茶。每年春茶开采前，街道和各村（社区）都派人上山巡查，实时了解有无使用除草剂、催芽肥等现象，掌握春茶生长情况。对各产茶村在茶企收购期间实行中粮安全监督抽检，每年抽检，以符合国家标准。通过公开招投标的方式确定农药配送机构，提高标准补助（茶农在购买时直接兑现）；通过竞争性磋商的招标方式，确定菜饼供应商和统一的供货价格，每年9—10月免费发放菜饼，还免费发放炒茶油、诱虫板。

同时，西湖街道加强种质资源保护。辖区内龙井43号品种种植面积较大，为切实保持西湖龙井茶品质特征的完整性和可持续性，西湖街道提升补贴标准，引导茶农积极保护西湖龙井群体种茶树。通过近年来的宣传，把群体种和西湖龙井茶的原真性结合在一起，吸引消费者对群体种的关注，缩小了群体种和龙井43号品种之间的价值差距。西湖街道还在植物园龙坞苗圃场和富阳区春建乡开展群体种茶苗繁育，并在西湖街道双峰村设立种植资源圃进行群体种复种。

（三）全链监管，提升区域公用品牌价值

西湖街道不断加强龙井茶流通销售环节管理。一是强化第三方认证，鼓励和支持企业及地方积极开展茶叶地理标志的"质量体系"认证，提高企业质量管理水平和产品安全水平。二是坚持开展合法使用西湖龙井商标的宣传教育，春茶销售期间实施西湖龙井茶整治提升专项行动。三是摸清辖区范围内西湖龙井茶种植、销售主体底数，排查外来人员在本区开茶店情况，逐一上门宣传提醒。四是建立健全茶叶生产企业食品安全信用档案，促进企业依法生产、诚信经营。

西湖街道每年食安办会同其他部门联合执法，规范对茶叶生产加工小作坊的管理，加强溯源管理，切实履行监督检查职责，对发现的问题及时报告。

龙井茶安全销售问题除了"堵"，还要与"疏"结合，不仅要严格监管，而

且要帮助村民解决卖茶难的核心问题，从根本上杜绝村民以次充好，以假乱真。西湖街道树立了龙井茶的全产业链管理理念。一是实施群体种保护性收购。例如龙井茶核心产区面积最大的梅家坞村，与企业合作，以市场运作助推优质种质资源保护落实落地，让茶农体会到"好茶不怕晚，种好有盼头"。二是探索茶地流转机制与标准种养模式。例如双峰村主动寻求辖区有实力的企业，通过"公司＋村委＋农户"的模式，成功流转多亩茶园，逐步迈入发展现代农业的道路。茶园流转期间，企业组织技术力量，聘请中国农业科学院茶叶研究所的专家指导茶园种植，对茶园进行标准化管理。三是推进茶文旅深度融合。围绕"茶事""茶食""茶景""茶艺"等主题开展宣传推广与交流活动，积极打造茶文化特色村展示窗口，并通过挖掘茶乡风俗、龙井茶历史与名人轶事，对茶园、茶景点、茶楼民宿进行有机串联，推出"一村一品"特色鲜明的沉浸式旅游，让村民既"富口袋"，又"富脑袋"，既壮大集体经济，又提升旅游品牌。

（四）传承技艺，开展专业"茶人"梯队建设

西湖街道加快培养茶叶专业人才，培养更多热爱茶叶、懂技术、擅长经营的专业农民。一是挂牌成立"西湖龙井茶学校"，组织青年"茶人"开展炒制技艺集训，参加省市龙井茶手工炒制技能大赛和技师评定；二是对低产低效茶园进行改造，做好茶园肥料的管理和控制技术以及茶园病虫害防治技术的普及和宣传工作；三是普及茶园农药使用规范，推广施肥新技术新知识，宣传茶园病虫害综合防治技术，加强茶树管理整治。西湖街道还组织开展西湖龙井茶手工炒制集中培训班，积极发动各村（社区）申报区级大师工作室和区级非遗传承人，例如炒茶技能大师工作室和茶文化体验大师工作室。